HEISSRISSBILDUNG BEIM GEPULSTEN LASERSTRAHLSCHWEISSEN VON ALUMINIUM

▸ Philipp von Witzendorff

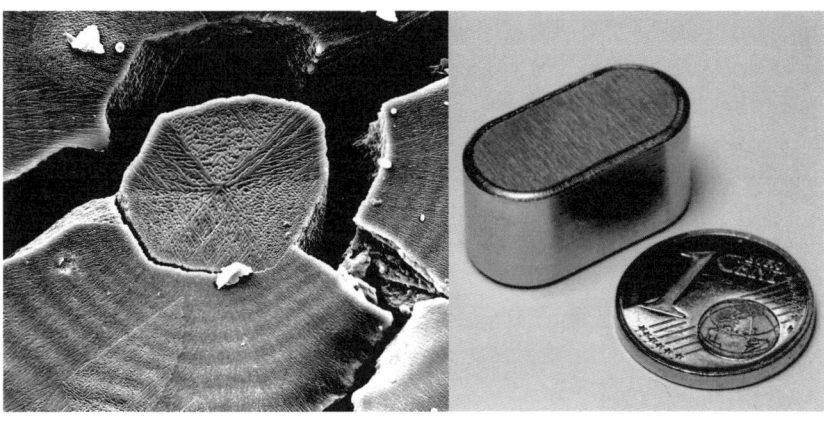

Berichte aus dem LZH
Band 3/2016
Herausgeber: Dietmar Kracht
　　　　　　 Ludger Overmeyer

Berichte aus dem LZH

Wissenschaftliche Schriftenreihe des
Laser Zentrum Hannover e.V.

Herausgeber der Reihe:
Dr. Dietmar Kracht

Zugleich: Dissertation, Gottfried Wilhelm Leibniz Universität Hannover, 2016

Bibliografische Information der Deutschen Nationalbibliothek
Die Deutsche Nationalbibliothek verzeichnet diese Publikation in der Deutschen
Nationalbibliografie; detaillierte bibliografische Daten sind im Internet über
http://dnb.d-nb.de abrufbar.

Dieses Werk ist urheberrechtlich geschützt. Alle Rechte, auch das
des Nachdruckes, der Wiedergabe, der Speicherung in
Datenverarbeitungsanlagen und der Übersetzung des vollständigen
Werkes oder von Teilen davon, sind vorbehalten.

© TEWISS-Technik und Wissen GmbH, 2016
An der Universität 2 ♦ 30823 Garbsen
Tel: 0511-762-19434 ♦ Fax: 0511-762-18037
www.pzh-verlag.de ♦ mail: info@pzh-verlag.de

ISBN 978-3-95900-114-4
ISSN 1861-3446

Verlag: PZH Verlag,
TEWISS-Technik und Wissen GmbH

Herstellung: Digital Print, Garbsen
Printed in Germany

Heißrissbildung beim gepulsten Laserstrahlschweißen von Aluminium

Von der Fakultät für Maschinenbau
der Gottfried Wilhelm Leibniz Universität Hannover
zur Erlangung des akademischen Grades
Doktor-Ingenieur
genehmigte Dissertation

von
Philipp von Witzendorff (Dipl.-Wirtsch.-Ing.)

2016

Vorsitzender: Prof. Dr.-Ing. Jörg Seume
1. Referent: Prof. Dr.-Ing. Ludger Overmeyer
2. Referent: Prof. Dr.-Ing. Jean Pierre Bergmann

Tag der Promotion: 29. November 2016

Vorwort

Die vorliegende Arbeit ist während meiner Tätigkeit am Laser Zentrum Hannover entstanden. Im Alleingang wäre diese wissenschaftliche Abhandlung nicht möglich gewesen. Daher möchte ich allen Personen danken, die mich beim Anfertigen des Schriftstücks und beim Generieren der Ergebnisse unterstützt haben.

Herrn Prof. Dr.-Ing. Ludger Overmeyer, Leiter des Instituts für Transport und Automatisierungstechnik der Gottfried Wilhelm Leibniz Universität Hannover und Vorstandsmitglied des Laser Zentrum Hannover, danke ich für die richtungsweisende Unterstützung und Beratung beim Durchführen der Arbeit.

Herrn Prof. Dr.-Ing. Jean-Pierre Bergmann, Leiter des Fachgebietes Fertigungstechnik der Technischen Universität Ilmenau, danke ich für die Übernahme des Koreferats und den fachlichen Austausch während des gemeinsamen Forschungsprojektes.

Bei meinen Kollegen möchte ich mich zum einen für den fachlichen Austausch und die kritischen Diskussionen bedanken. Weiterhin möchte ich den technischen Mitarbeitern danken, die mir beim Aufbau und der Wartung des Versuchsstandes und beim Auswerten der Ergebnisse zur Seite standen. Allen Studenten und Praktikanten, die bei der Durchführung und Auswertung der Experimente mitgewirkt haben, möchte ich für den motivierten Einsatz danken.

Einen besonderen Dank möchte ich auch an meine Korrekturleser aussprechen, die meine Arbeit positiv beeinflusst haben.

Abschließend möchte ich meiner Familie danken. Hierbei geht ein besonderer Dank an meine Eltern, die mir meine Ausbildung ermöglicht haben. Auch möchte ich meiner Frau Scarlett danken, die mich während der Zeit immer unterstützt hat.

Hannover, im Mai 2016

Kurzzusammenfassung

Zum Schutz von elektronischen und opto-elektronischen Komponenten vor Umwelteinflüssen werden heißrissanfällige Aluminiumlegierungen häufig als Gehäuse eingesetzt und müssen dazu geschweißt werden. In dieser Arbeit wird die Heißrissanfälligkeit beim gepulsten Laserstrahlschweißen in Punkt- und Nahtschweißungen anhand der 6082 Aluminiumlegierung untersucht und darauf aufbauend Prozessstrategien zur Heißrissreduktion entwickelt. Der Erstarrungsprozess wird dabei durch Kamerasysteme und metallographische Untersuchungen erfasst. Die Rissbildung in Punktschweißungen kann in verschiedenen Prozessregimen auf die Seigerung von Wasserstoff, die geringe Permeabilität des dendritischen Mikrogefüges, die Dehnungsrate und die Dehnung zurückgeführt werden, wobei die Dehnung als begrenzende Einflussgröße identifiziert wird. Beim Nahtschweißen kann durch den Pulsüberlapp die Rissbildung des Vorgängerschweißpunktes geheilt werden, wodurch rissfreie Schweißnähte auch mit rissbehafteten Schweißpunkten möglich sind. Hierfür muss die Rissbildung in den einzelnen Punktschweißungen eine geringe Entfernung von der Schweißpunktmitte haben und möglichst senkrecht zur Vorschubrichtung ausgerichtet sein. Um die Rissbildung in den Schweißpunkten zu verringern und somit heißrissfreie Schweißnähte bei höherer Einschweißtiefe zu ermöglichen, werden die zeitliche Pulsform optimiert und eine neue Prozessführung mit zwei simultan schweißenden Laserquellen entwickelt. Mit beiden Verfahren wird die im Schweißprozess entstehende Dehnung kompensiert, wodurch final rissfreie Schweißverbindungen im Stumpfstoß hergestellt werden. Zudem wird ein Bilderkennungsverfahren entwickelt, mit dem Heißrisse in Nahtschweißungen identifiziert werden können.

Schlagwörter: Heißriss, Aluminium, Schweißen, Laser, gepulst

Abstract: Hot cracking in pulsed laser welding of aluminum

Hot cracking susceptible aluminum alloys are often used for housing of electronic and opto-electronic components. This study investigates the pulsed laser welding process of 6082 aluminum alloys within spot and seam welding experiments. Process monitoring and metallographic examination are used to investigate the solidification process. Hot cracking occurs in spot welding within different process regimes due to extensive hydrogen segregation, the low permeability of the dendritic microstructure, the strain rate and strain. The welding process restraining factor is the strain. The seam welding experiments with overlapping spot welds prove that crack-free seam welds are possible with individual cracked spot welds. Therefore, a small crack distance between crack tip and spot weld center is required in addition to a crack direction perpendicular to the welding direction. Cracking is reduced in spot welds to achieve crack-free seam welds by optimizing the pulse shape and by introducing a new welding method with two superimposed laser beams. Both methods compensate the strain which finally leads to crack-free butt welds. Moreover, a method for crack monitoring during seam welding is developed.

Keywords: hot crack, aluminum, welding, laser, pulsed

Inhaltsverzeichnis

Vorwort I

Kurzzusammenfassung II

Inhaltsverzeichnis III

Formelzeichen und Abkürzungen VI

1 Einleitung 1
2 Stand der Technik 3
    2.1 Grundlagen der Erstarrung 3
        2.1.1 Seigerung 3
        2.1.2 Erstarrungsfront 4
    2.2 Heißrissbildung 6
        2.2.1 Definition und Einleitung 6
        2.2.2 Modelle zur Heißrissbildung 7
        2.2.3 Heißrissprüfverfahren 12
        2.2.4 Abgeleitete Einflussfaktoren 14
    2.3 Gepulstes Laserstrahlschweißen 15
        2.3.1 Prozesstechnische Grundlagen 15
        2.3.2 Heißrissvermeidung beim gepulsten Laserstrahlschweißen ... 17
3 Aufgabenstellung 24
    3.1 Problemstellung 24
    3.2 Zielstellung und Vorgehensweise 24
4 Modellbildung 27
    4.1 Rissbildung in Punktschweißungen 27
    4.2 Rissbildung entlang einer Schweißnaht 29
5 Versuchstechnik 31
    5.1 Schweißstation 31
    5.2 Material 32
    5.3 Versuchsdurchführung 33
    5.4 *In-situ* Prozessdiagnostik 34
        5.4.1 Hochgeschwindigkeitsaufnahme 35
        5.4.2 Aufnahme der Nahtrissgeometrie 37
        5.4.3 Aufnahme der infraroten Prozessstrahlung 38
    5.5 *Ex-situ* Versuchsauswertung 40

6 Schweißergebnisse 42

6.1 Schweißgeometrie und Rissbildung 42
6.1.1 Einschweißtiefe 42
6.1.2 Rissbildung in Punktschweißungen 43
6.1.3 Rissbildung in Nahtschweißungen 46

6.2 Erstarrungsparameter 48
6.2.1 Erstarrungsgeschwindigkeit 49
6.2.2 Temperaturverlauf, Abkühlrate und Temperaturgradient 49

6.3 Mikrostruktur 52
6.4 Zusammenfassung und Fazit 54

7 Modellanwendung 56

7.1 Heißrissbildung in Punktschweißungen 56
7.1.1 Dehnungsrate 56
7.1.2 Dehnung 57
7.1.3 Permeabilität 58
7.1.4 Seigerungen von Wasserstoff 59

7.2 Heißrissbildung entlang von Schweißnähten 63
7.2.1 Wärmeleitungsschweißnähte 63
7.2.2 Tiefschweißnähte 67

7.3 Zusammenfassung, Bewertung und Fazit 72

8 Methoden zur Heißrissreduktion 76

8.1 Doppelpuls 77
8.1.1 Heißrissanfälligkeit 77
8.1.2 Erstarrungsprozess 80

8.2 Stufenpuls 82
8.2.1 Heißrissanfälligkeit 82
8.2.2 Erstarrungsprozess 85

8.3 Automatisierte Heißrisserkennung 90
8.4 Übertragung auf Musterapplikation und Wirtschaftlichkeit 94
8.4.1 Stumpfstoßschweißen 94
8.4.2 Gehäusedichtschweißung 97
8.4.3 Wirtschaftliche Bewertung und Praxisrelevanz der Erkenntnisse 98

9 Zusammenfassung und Ausblick 101

Anhang 103

Abbildungsverzeichnis 104

Tabellenverzeichnis 108

Literaturverzeichnis 109
Eigene Publikationen 116

Formelzeichen und Abkürzungen

Formelzeichen	Einheit	Bezeichnung
A_t	%	Anteil an globularen Körnern
A_{molten}	µm²	Fläche der Punktschweißung bei einsetzender Erstarrung
A_{solid}	µm²	Fläche der Punktschweißung nach vollendeter Erstarrung
α_{crack}	°	Winkel zwischen Rissausbreitungsrichtung von R^*_{crack} und der Vorschubrichtung
B		Bestimmtheitsmaß
β_T	1/K	Schrumpffaktor
C_0	ml/100 g	Anfangskonzentration des Legierungselements
C_l	ml/100 g	Konzentration des Legierungselements in der flüssigen Phase
C_{H0}	ml/100 g	Wasserstoffanfangskonzentration in der Aluminiumschmelze
$C_{H'}$	ml/100 g	Seigerungen von Wasserstoff bzw. in der Aluminiumschmelze gelöster Wasserstoff
C_s	ml/100 g	Konzentration des Legierungselements in der festen Phase
$C_{\infty Sl}$	ml/100 g	Siliziumkonzentration in Aluminiumlegierung
δ	m	Breite der Diffusionsgrenzschicht
D	m²/s	Diffusionskonstante
D_l	m²/s	Diffusionskonstante eines Elements in der Schmelze
d_{molten}	µm	Durchmesser des Schmelzbades
Δd_{molten}	µm	Veränderung des Schmelzbaddurchmessers in Bezug auf eine Erstarrungsphase
d_{weld}	µm	Schweißpunktdurchmesser
d_{spot}	mm	Fokusdurchmesser
E_{YAG}	J	Pulsenergie
e	%	Emissionsgrad
ε	%	Dehnung
ε_{areal}	%	Flächige Dehnung der Punktschweißung
$\dot{\varepsilon}$	%/s	Dehnungsrate

Formelzeichen	Einheit	Bezeichnung
f_l	%	Schmelzanteil während der Erstarrung
f_s	%	Feststoffanteil während der Erstarrung
f_{Rep}	Hz	Repetitionsrate der Laserpulse
G_{SL}	K/m	Temperaturgradient an der Erstarrungsfront
K	µm²	Permeabilität
K_G	µm	Korngröße
K_S		Sieverts-Zahl
k_0		Verteilungskoeffizient für die Entmischung an der Phasengrenze bei Gleichgewichtserstarrung
k_{eff}		Effektiver Verteilungskoeffizient für die Entmischung an der Phasengrenze
L_{diff}	m	Diffusionslänge
L_{crack}	µm	Risslänge entlang der Schweißnaht
λ_1	µm	Primärer Dendritarmabstand
λ_2	µm	Sekundärer Dendritarmabstand
M_{flow}	m³/s	Rückfluss von Schmelze zu den Dendritwurzeln
n		Schweißpunktnummer
O_V	%	Pulsüberlapp
P	W	Leistung
P_{ave}	W	Mittlere Leistung
P_{Diode}	W	Leistung des Diodenlaserpulses
P_{hold}	kW	Leistung des zweiten Niveaus im Stufenpuls
P_{YAG}	kW	Pulsspitzenleistung
Δp_{drop}	MPa	Druckabfall der innerdendritischen Schmelze aufgrund von Verformungen
Δp_{sh}	MPa	Innerdendritischer Druckabfall aufgrund von Erstarrungsschrumpfung
Δp_T	MPa	Innerdendritischer Druckabfall aufgrund von linearer thermischer Dehnung
p_f	MPa	Druck zur Erzeugung von Poren in Schmelze
p_{H2}	MPa	Wasserstoffpartialdruck
p_K	MPa	kapillarer Krümmungsdruck

Formelzeichen	Einheit	Bezeichnung
R_{crack}	µm	Abstand zwischen Rissspitze und Schweißmittelpunkt
R^*_{crack}	µm	R_{crack}, in der Schweißpunkthälfte, welche dem Vorschub entgegen gesetzt ist
R_{weld}	µm	Schweißpunktradius
r	m	Porenradius
S_{weld}	µm	Einschweißtiefe
t	s	Zeit
T	K oder °C	Temperatur
ΔT	K	Temperaturdifferenz zwischen der Liquidus- und der Solidustemperatur
T_C	K	Temperatur, bei der die Dendriten zusammenwachsen und Verformungen aufnehmen können
T_L	K	Liquidustemperatur
τ_{cool}	ms	Laserpulsabkühldauer, in welcher die Leistung linear heruntergefahren wird
τ_{delay}	ms	Verzögerung zwischen dem Start des Nd:YAG- und Diodenlaserpulses
τ_{diode}	ms	Dauer des Diodenlaserpulses
τ_{hold}	ms	Dauer des zweiten Leistungsniveaus des Stufenpuls Laserpulses
τ_{YAG}	ms	Dauer des Nd:YAG Laserpulses
v	mm/min	Vorschub
V_{SL}	m/s	Geschwindigkeit der Phasengrenze
x	µm	x-Achse auf Thermografiesensor
γ	N/m	Grenzflächenspannung
y	µm	y-Achse auf Thermografiesensor (geneigt)

Abkürzungen

BPS	BPS Model von Burton, Prim und Slichter
DP	Doppelpuls Pulsform (engl. Double Pulse)
EDX	Energiedispersive Röntgenspektroskopie
RDG	RDG-Modell von Rappaz, Drezet und Germaud
REM	Rasterelektronenmikroskop
RD	Rampenpuls Pulsform (engl. Ramp Down)
SD	Stufenpuls Pulsform (engl. Step Down)
St	Standardabweichung
TIS	Temperaturintervall der Sprödigkeit

1 Einleitung

Viele alltäglich gegenwärtige Produkte werden durch den Fügeprozess Schweißen hergestellt. Die Beispiele reichen von Brückenkonstruktionen, Fahrzeugkarosserien bis hin zu der Elektronik in unseren Mobiltelefonen. Das hohe gesellschaftliche Interesse an sicheren Schweißverbindungen begründet die fortlaufenden Forschungsaktivitäten im Bereich der Schweißverfahren, -werkstoffe und -konstruktion.

Aluminium und dessen Legierungen werden aufgrund der technologisch vielseitigen Eigenschaften für verschiedenste Anwendungen eingesetzt. Die geringe Dichte bei gleichzeitig hoher Festigkeit begründen den Einsatz von aushärtbaren Aluminiumlegierungen als Strukturbauteile im Flugzeug- und Fahrzeugbau. Neben der geringen Dichte besitzt Aluminium auch eine hohe Leitfähigkeit für Wärme und elektrischen Strom. Hinzu kommt der im Vergleich zu Kupfer weitaus geringere Rohstoffpreis, weshalb Aluminium auch als elektrischer Leiter eingesetzt wird.

Aluminiumlegierungen lassen sich durch verschiedene Schweißprozesse, wie z. B. Lichtbogen-, Reibrühr- und Strahlschweißen, fügen. Erfordert die Schweißaufgabe einen möglichst geringen Wärmeeintrag und eine berührungslose Prozessführung, werden vornehmlich Strahlschweißverfahren, wie Elektronen- und Laserstrahlschweißen eingesetzt. Durch die hohen Energiedichten der Strahlschweißverfahren entstehen im Tiefschweißregime Schweißnähte mit hohem Aspektverhältnis. Zudem können hohe Vorschubgeschwindigkeiten erreicht werden, woraus eine geringe Wärmeeinflusszone und minimierter Bauteilverzug resultieren.

Eine Methode des Laserstrahlschweißens ist der gepulste Laserstrahlschweißprozess. Die gepulste Prozessführung ermöglicht eine weitere Reduktion des Wärmeeintrags, weshalb dieser Schweißprozess hauptsächlich in der Mikroverbindungstechnik eingesetzt wird. Dabei können mit Laserpulsen einzelne Punktverbindungen oder Nahtschweißungen aus überlappenden Schweißpunkten erzeugt werden. In Bezug auf das Aluminiumschweißen werden mit dem gepulsten Laser Blechstärken von bis zu 1 mm gefügt. Zwischen den einzelnen Laserpulsen, deren Pulsfrequenz zwischen 0,1 – 500 Hz liegt, kommt es typischerweise zur vollständigen Erstarrung des Schweißgutes. Das Bauteil kann somit zwischen den einzelnen Laserpulsen einen Großteil der Schweißwärme abführen, sodass in der Umgebung der Schweißnaht geringere Temperaturen erreicht werden, als bei kontinuierlichen Schmelzschweißverfahren. Hiermit kann die Überhitzung von Komponenten, die in der unmittelbaren Nähe der Schweißnaht verbaut sind, vermieden werden.

Deshalb werden gepulste Laser häufig zum hermetischen Verpacken von elektronischen oder opto-elektronischen Komponenten in einem Aluminiumgehäuse eingesetzt. Als Gehäusematerial werden in der Feinwerktechnik hauptsächlich Aluminiumlegierungen aus den 2XXX und 6XXX Legierungsgruppen verwendet, da sich diese sehr gut zerspanen lassen und somit filigrane Bauteile gefertigt werden können. Diese Aluminiumlegierungen werden als besonders heißrissanfällig eingestuft. Hinzu kommt, dass beim gepulsten Laserstrahlschweißen aufgrund der kurzen Pulsdauern von unter 100 ms weitaus höhere Abkühlraten als beim Gießen oder kontinuierlichen

Schmelzschweißen entstehen. Schlussfolgernd sind Heißrisse beim gepulsten Laserstrahlschweißen von 2XXX und 6XXX Aluminiumlegierungen die Hauptursache für defekte Schweißnähte [KAT01].

Zum gepulsten Laserstrahlschweißen von heißrissanfälligen Aluminiumlegierungen sind einige Studien bekannt. Die zeitliche Formung der Laserpulse hat sich als Mittel zur Unterdrückung von Heißrissen herausgestellt. Hierbei wird die Leistung im Laserpuls meistens graduell über einen definierten Zeitraum heruntergefahren, um die Abkühlrate im Erstarrungsprozess zu verringern. Heißrissfreie Schweißnähte können dabei lediglich im Wärmeleitungsregime mit Einschweißtiefen von bis zu 0,25 mm erzeugt werden.

Der Forschungsbedarf im Bereich des gepulsten Laserstrahlschweißens von Aluminium resultiert aus industrieller Sicht aus dem begrenzten Anwendungsbereich des Verfahrens. Heißrissfreie Schweißnähte können nur bei kleinen Einschweißtiefen und nicht im Tiefschweißregime hergestellt werden. Aus wissenschaftlicher Sicht ist noch keine detaillierte Prozessbeobachtung beim gepulsten Laserstrahlschweißen der heißrissanfälligen Aluminiumlegierungen vollzogen worden, um dadurch den Zusammenhang zwischen den Laserparametern, den Erstarrungsparametern und der Heißrissbildung zu erforschen. Die bekannten Erkenntnisse zur Heißrissbildung beim gepulsten Laserstrahlschweißen basieren auf numerischen Berechnungen des Schweißprozesses und der nachgelagerten metallurgischen Auswertung. Weiterhin ist noch nicht beschrieben worden, wie sich die Heißrissbildung in individuellen Schweißpunkten auf die Rissausbreitung in Nahtschweißungen auswirkt.

2 Stand der Technik

Dieses Kapitel umfasst die wesentlichen Informationen zum gepulsten Laserstrahlschweißen und für die Arbeit relevante Grundlagen und Theorien zur Heißrissbildung. Zudem wird dargestellt, mit welchen Maßnahmen vorhergehende Studien die Heißrissbildung beim gepulsten Laserstrahlschweißen unterdrückt haben.

2.1 Grundlagen der Erstarrung

Die Heißrissbildung tritt während der Erstarrung von Metalllegierungen auf. Die Erstarrungsbedingungen und das daraus resultierende Gefüge haben Einfluss auf die Heißrissbildung. In diesem Abschnitt werden daher ausgewählte Aspekte der Erstarrung erläutert, die für die Heißrissbildung beim gepulsten Laserstrahlschweißen von Bedeutung sind.

2.1.1 Seigerung

Aluminium wird in technischen Anwendungen hauptsächlich in legierter Form eingesetzt. Die Legierungselemente haben in der Schmelze und dem Festkörper eine unterschiedliche Löslichkeit. Dadurch kommt es während der Erstarrung zu Entmischungsvorgängen, welche ein inhomogenes Gefüge erzeugen können. Dieser Umstand wird als Seigerung bezeichnet [SAH99]. Die Seigerungsneigung hängt von dem Legierungssystem und den Erstarrungsbedingungen ab. Neben den Legierungselementen findet die Entmischung auch für Verunreinigungen bzw. ungewünschte Begleitelemente statt. Diese Elemente können die Heißrissanfälligkeit steigern, wie es in Abschnitt 2.2.2.3 erklärt wird.

Der Verteilungskoeffizient k_0 wird als Kenngröße für die Entmischung an der Phasengrenze angegeben. Dieser beschreibt, wie sich ein gelöstes Element bei unendlich langsamen Erstarrungsprozessen auf die Schmelze und den Festkörper verteilt. Bei geringen Legierungsanteilen kann der Einfluss der Temperatur und des Druckes vernachlässigt werden und k_0 in Bezug auf diese Größen als konstant angenommen werden. Für den Verteilungskoeffizienten k_0 gilt [KOU03]:

$$k_0 = \frac{C_s}{C_l} \qquad \text{Formel 2-1}$$

wobei C_s die Konzentration des Legierungselements in der festen und C_l die Konzentration des Legierungselements in der flüssigen Phase ist. Ausgehend von einer Anfangskonzentration C_0, welche sich bei Erstarrungsbeginn homogen über die Schmelze erstreckt, kann die Konzentration C_l während der Erstarrung durch die Scheil-Gleichung berechnet werden, deren Annahmen mit Schweißprozessen vereinbar sind [SCH42]:

$$C_l = C_0 f_l^{k_0 - 1} \qquad \text{Formel 2-2}$$

Der Parameter f_l ist dabei der Schmelzanteil. Gemäß den Annahmen der Scheil Gleichung erfährt das gelöste Element keine Diffusion im Festkörper und eine vollständige Diffusion in der Schmelze. Mit der Diffusionslänge L_{diff} kann geprüft werden, ob die Diffusion im Festkörper gegenüber der Diffusion in der Schmelze vernachlässigt werden kann [KAT99]:

$$L_{diff} = \sqrt{D \cdot t}$$ Formel 2-3

D ist die Diffusionskonstante des Elementes in der flüssigen oder festen Phase. t ist die für die Diffusion verfügbare Zeit. Da die Diffusionskonstanten in der Schmelze in der Regel weitaus größere Werte haben, z. B. Faktor 1000 für Kupfer in Aluminium, kann die Diffusion im Festkörper in Bezug auf die Diffusion in der Schmelze vernachlässigt werden. Zudem wird der Stofftransport in der Schmelze beim Schweißen in einem erheblichen Maße auch durch Konvektion erreicht. Bei Gießprozessen mit langen Abkühlzeiten oder der Diffusion von Kohlenstoff in Eisen könnte die Diffusion im Festkörper nicht vernachlässigt werden. Hier müsste die Konzentration nach dem Hebelgesetz für absolutes Gleichgewicht berechnet werden [SAH99].

Bei schnellen Erstarrungsprozessen wird die Diffusion an der Phasengrenze behindert. Der Festkörper wird in diesem Fall mit dem gelösten Element übersättigt. Der Verteilungskoeffizient an der Phasengrenze entspricht somit nicht k_0. Zur Berechnung des effektiven Verteilungskoeffizienten k_{eff} sind verschiedene Theorien verfügbar [AZI82, BUR53]. Gemäß dem BPS Model von Burton, Prim und Slichter berechnet sich der effektive Verteilungskoeffizient aus [BUR53]:

$$k_{eff} = \frac{k_0}{k_0 + (1 - k_0)exp\left(-\delta \frac{V_{SL}}{D_l}\right)}$$ Formel 2-4

V_{SL} ist die Geschwindigkeit der Phasengrenze und D_l die Diffusionskonstante des gelösten Elementes in der Schmelze. Der Parameter δ entspricht der Breite der flüssigen Schicht an der Phasengrenze, in der Diffusion den Stofftransport dominiert. Viele Studien haben sich mit der Interpretation dieses Parameters unter Berücksichtigung verschiedener Erstarrungsszenarien beschäftigt [OST92]. Bei hohen Erstarrungsgeschwindigkeiten entspricht δ [WIL78, HOY03]:

$$\delta = \frac{D_l}{V_{SL}}$$ Formel 2-5

Beim Schweißen wirken aufgrund der hohen Temperaturgradienten konvektive Stofftransportmechanismen (z. B. Marangoni Strömung) [KOU03]. Diese können dazu führen, dass δ in der Realität kleiner ist als D_l/V_{SL}.

Aus dem BPS Modell geht hervor, dass für geringe Erstarrungsgeschwindigkeiten und hohe Diffusionskonstanten $k_{eff} = k_0$ wird, wodurch die Entmischung gemäß der Gleichgewichtsbedingung abläuft. Im umgekehrten Extremfall wird $k_{eff} = 1$. In diesem Fall wird die Entmischung vollständig unterdrückt und der Festkörper mit dem Element übersättigt. Die Problematik des Modells liegt in der Definition von realistischen Werten für δ.

2.1.2 Erstarrungsfront

Die geometrische Ausprägung der Erstarrungsfront ist ein wichtiges Merkmal für die Entstehung von Heißrissen. Die Struktur kann dabei planar, zellular, gerichtet dendritisch und globular dendritisch sein, s. Abbildung 2-1. Die Ausprägung hängt dabei von dem Legierungssystem und den Erstarrungsparametern ab. Die Theorie zur konstitutionellen Unterkühlung [TIL53] gibt folgende Bedingung an, welche erfüllt sein muss, damit eine planare Erstarrungsfront erhalten bleibt:

$$\frac{G_{SL}}{V_{SL}} \geq \frac{\Delta T}{D_l}$$ Formel 2-6

G_{SL} ist der räumliche Temperaturgradient an der Erstarrungsfront und ΔT die Temperaturdifferenz zwischen der Liquidus- und der Solidustemperatur des Legierungssystems. Mit steigendem V_{SL} und sinkendem G_{SL} durchläuft die Erstarrungsmorphologie das planare, zellulare, gerichtet dendritische und das globular dendritsche Kristallwachstum.

Die Größe des Zell- bzw. primären Dendritarmabstandes λ_1, der sich in einer Aluminiumlegierung mit den Legierungselementen Magnesium und Silizium ausbildet, weist folgende Proportionalität auf [HUN81]:

$$\lambda_1 \sim \frac{C_{\infty Sl}}{G_{SL} V_{SL}}$$ Formel 2-7

$C_{\infty Sl}$ entspricht der Konzentration von Silizium in Atomprozent. Die Größe des sekundären Dendritarmabstandes λ_2 kann für die 6082 Aluminiumlegierung durch die empirische Formel 2-8 berechnet werden [EAS06]:

$$\lambda_2 = 95{,}8 \text{ μm } (K/s)^{0{,}48} \left(\frac{dT}{dt}\right)^{-0{,}48} = 95{,}8 \text{ μm } (K/s)^{0{,}48} (G_{SL} V_{SL})^{-0{,}48}$$ Formel 2-8

Somit verkleinern sich die geometrischen Ausprägungen der Gefügestruktur für eine höhere Abkühlrate, die dem Produkt aus G_{SL} und V_{SL} entspricht.

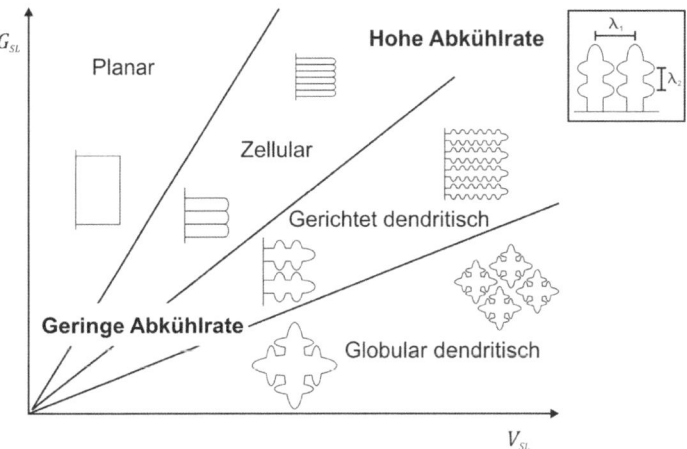

Abbildung 2-1: Qualitative Darstellung des Zusammenhanges zwischen der Erstarrungsmorphologie und den Erstarrungsparametern [KOU03]

Eine qualitative Zusammenfassung der in Abhängigkeit von G_{SL} und V_{SL} entstehenden Erstarrungsfront ist in Abbildung 2-1 dargestellt. Beim gepulsten Laserstrahlschweißen von Aluminiumlegierungen treten hauptsächlich das gerichtete und das globulare dendritische Gefüge auf [MIC95, OMR12]. Lediglich in den Randbereichen der Schweißnaht können planare und zellulare Strukturen aufgefunden werden, da hier hohe Temperaturgradienten und geringe Erstarrungsgeschwindigkeiten vorliegen [ZHA08].

2.2 Heißrissbildung

2.2.1 Definition und Einleitung

Heißrisse stellen einen Defekt dar, der beim Schweißen, Gießen und der generativen Fertigung von Metallen entstehen kann. Heißrisse werden beim Schweißen als interkristalline Trennungen klassifiziert, welche innerhalb der Schweißnaht (Erstarrungsrisse) oder der Wärmeeinflusszone (Wiederaufschmelzrisse) bei erhöhten Temperaturen auftreten [DIL05]. Gemäß dem DVS Merkblatt 1004-1 [DVS96] entstehen Heißrisse während des Schweißvorgangs bei einsetzender Abkühlung in der Phasenübergangszone mit flüssigen und festen Bestandteilen. Eine Sonderform stellen die Ductility Dip Cracks dar, für welche festgestellt wurde, dass keine schmelzflüssigen Phasen an der Rissbildung beteiligt sind. Das Aufbrechen der Korngrenzen findet für diese Heißrissform bei Temperaturen im Bereich der Rekristallisationstemperatur statt [SCH98]. In der ISO 17641-1:2004 [ISO04] werden neben den erhöhten Temperaturen auch die Dehnung und Dehnungsrate erwähnt, die ein kritisches Niveau erreichen müssen, um Heißrisse zu initiieren. Die für die Trennung der Korngrenzen erforderlichen Verformungen haben ihren Ursprung in linearer thermischer Schrumpfung, Erstarrungsschrumpfung und externen aufgebrachten Kräften [HIL01].

Abbildung 2-2 zeigt in a) die makroskopische Aufnahme eines typischen Erstarrungsrisses in der Schweißnahtmitte und in b) eine Detailansicht eines Heißrisses in einer Punktschweißung. Der interkristalline Rissverlauf entlang der Grenzen des globularen Kornes ist deutlich erkennbar, s. Abb. 2-2 b).

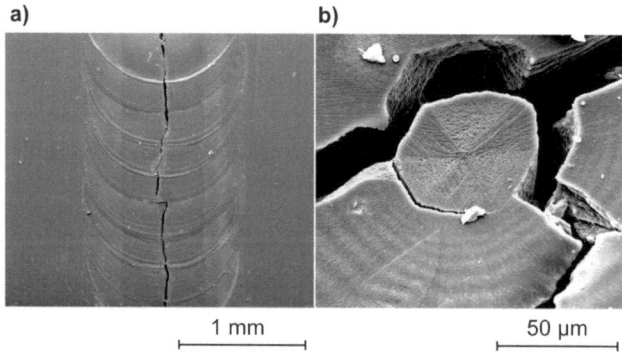

Abbildung 2-2: Erstarrungsriss: a) makroskopisch und b) mikroskopisch betrachtet [2]

Da die Heißrissbildung aus einem komplexen Zusammenwirken von metallurgischen, mechanischen und thermomechanischen Einflussfaktoren hervorgeht, existiert eine Vielzahl an Theorien und Testverfahren zur Heißrissbildung. Eine Übersicht der Haupteinflussfaktoren und deren wechselseitiges Zusammenwirken wurde von Cross [CRO05] in einem Schaubild zusammengefasst, s. Abbildung 2-3.

Die Schweißeignung von Aluminiumlegierungen ist durch zahlreiche Veröffentlichungen dokumentiert. Häufig wird die relative Heißrissanfälligkeit in Bezug auf die Konzentration des Legierungselementes angegeben [KAT01]. Diese haben typischerweise einen Λ-Verlauf, sodass beim Schweißen von Legierungen mit äußerst geringen Legierungsbeimischungen oder einer naheutektischen Zusammensetzung kaum Heißrisse entstehen.

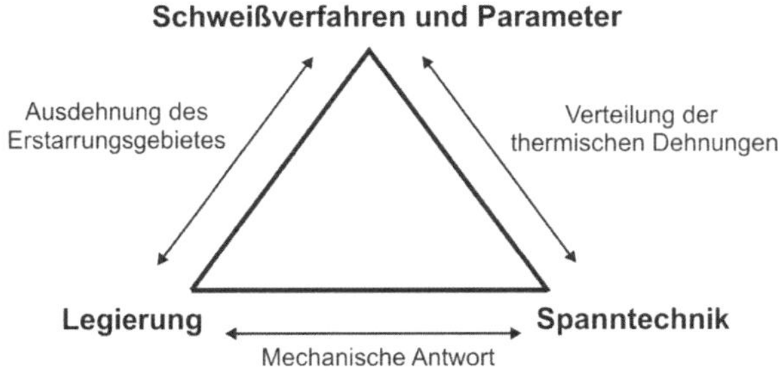

Abbildung 2-3: Einflussfaktoren auf die Heißrissbildung [CRO05]

Prinzipiell sind Legierungen heißrissanfälliger, wenn:

- eine große Temperaturdifferenz zwischen Liquidus- und Solidustemperatur besteht,
- sich ein großes Erstarrungsgebiet mit langen Strecken für die eingeschlossene Schmelze ergibt,
- höhere Verformungen aus thermischer Dehnung und Erstarrungsschrumpfung resultieren [CON13].

Wird die Schweißeignung von Schweißverfahren betrachtet, so resultiert eine höhere Heißrissanfälligkeit aus größeren Wärmeeinträgen und höheren Abkühlraten [KAT01]. Mit Hilfe einer geeigneten Einspannung bzw. Schweißkonstruktion kann die Heißrissbildung durch die Unterdrückung von Dehnungen im Erstarrungsgebiet reduziert werden. Dies kann durch einen höheren Einspanngrad [CRO06, WAN15] und durch eine Schweißposition in Randlage erreicht werden [HIL01, WEL13].

2.2.2 Modelle zur Heißrissbildung

In dem vorherigen Abschnitt wird auf das komplexe Zusammenwirken von Material, Verfahren und Schweißkonstruktion hingewiesen. Im Folgenden werden ausgewählte Modelle zur Heißrissbildung vorgestellt. Eine detaillierte Übersicht zu Heißrissmodellen kann aus den Veröffentlichungen von Eskin und Katgermann [ESK07] und Coniglio und Cross [CON13] entnommen werden.

2.2.2.1 Verformbarkeit des Schweißgutes

Eine Vielzahl von Theorien betrachtet die Dehnung ε als kritischen Einflussfaktor auf die Heißrissbildung. Überschreitet diese während der Erstarrung ein definiertes Niveau kommt es zur Rissbildung. Diese Theorien haben ihren Ursprung in den Untersuchungen von Pellini, der die Heißrissbildung an selbstbelasteten Gusskörpern erforscht hat [PEL52]. Pellini hat festgestellt, dass Heißrisse innerhalb eines Temperaturbereiches oberhalb der Solidustemperatur entstehen. In diesem Stadium sind die Korngrenzen mit einem dünnen Schmelzfilm bedeckt. Die geringe Verformbarkeit resultiert aus der geringen Beweglichkeit der Schmelze zum Füllen von Hohlräumen und aus der mangelnden interkristallinen mechanischen Verknüpfung. Aufbauend auf dieser Grundidee haben verschiedene Autoren die Verformbarkeit auf einen Temperaturbereich innerhalb des Erstarrungsprozesses bezogen und diesen experimentell bestimmt [PRO68, BOR60, SEN71]. Innerhalb dieses Temperaturbereiches, der als Temperaturintervall der Sprödigkeit (TIS) bezeichnet wird, durchläuft das Schweißgut sein Minimum der Verformbarkeit. Übersteigen die im Schweißprozess entstehenden Dehnungen das Verformbarkeitsvermögen des Schweißgutes, kommt es zum Heißriss. Das Schweißgut erstarrt heißrissfrei, wenn die auftretenden Dehnungen unterhalb des Verformbarkeitsvermögens des Schweißgutes bleiben. In Abbildung 2-4 ist der Zusammenhang schematisch dargestellt. Die blaue Kurve zeigt das Verformbarkeitsvermögen des Schweißgutes. Die beiden Geraden stellen fiktive Belastungsfälle dar. Von den verschiedenen Autoren wird dabei angenommen, dass sich die Dehnung innerhalb der Erstarrung linear vergrößert. Schneiden die Geraden die Verformbarkeitskurve, kommt es zur Heißrissbildung.

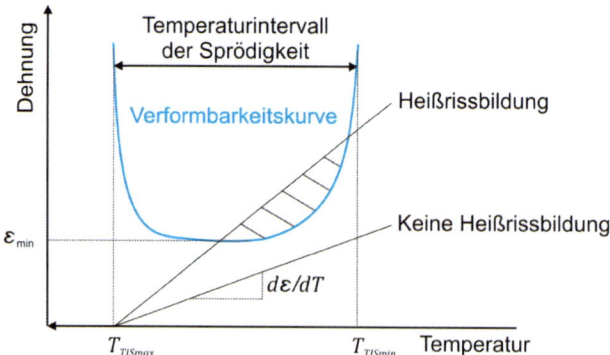

Abbildung 2-4: Temperaturintervall der Sprödigkeit

Aufgrund des linearen Anstieges der Dehnung während der Erstarrung wird anstelle der Dehnung auch häufig die kritische Dehnungsrate angegeben, die nicht überschritten werden darf. In dieser Modellbetrachtung werden metallurgische Einflüsse oder der Heißrissmechanismus untergeordnet betrachtet. Das Konzept des TIS eignet sich besonders, um verschiedene Werkstoffe in ihrer Schweißeignung zu vergleichen.

2.2.2.2 Innerdendritische Druckbilanz

Um die Rissinitiierung in Hinblick auf eine physikalische bzw. metallurgische Ursache zu erklären, betrachten verschiedene Modelle die Heißrissbildung anhand von Bilanzgleichungen. Diese stellen z. B. das Gleichgewicht zwischen der Schrumpfung des Schweißgutes und der Nachspeisung der Schmelze dar [FEU77]. Die größte Akzeptanz findet das RDG-Modell von Rappaz, Drezet und Germaud, das im Folgenden vorgestellt wird [RAP99]. Dabei werden lediglich die Annahmen und Ergebnisse des Modells vorgestellt und auf die ausführliche Ableitung der Gleichungen verzichtet.

In dem RDG-Modell wird eine innerdendritische Druckbilanz aufgestellt. Fällt der Druck der innerdendritischen Schmelze unter einen kritischen Druck, entsteht eine Kavität, die sich als Heißriss ausbreiten kann. Es werden somit die Bedingungen für die Rissinitiierung modelliert. Das darauffolgende Risswachstum wird nicht berücksichtigt. Das Modell wird anhand von gerichteten Dendriten - wie in Abbildung 2-5 skizziert - entwickelt. Heißrisse können im Temperaturbereich zwischen der Liquidustemperatur T_L und der Vereinigungstemperatur T_C entstehen. Unterhalb dieser Temperatur sind die Dendriten zusammengewachsen und können Verformungen widerstehen.

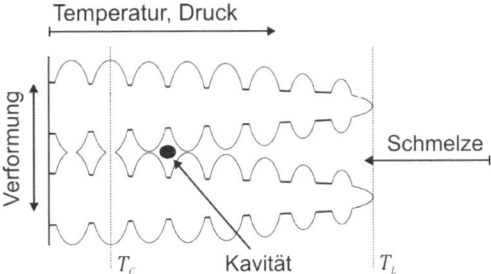

Abbildung 2-5: Rissinitiierung in gerichteter dendritischer Struktur

Der Druckabfall Δp_{drop} wird durch Verformungen verursacht, welche in dem Modell orthogonal zu der Erstarrungsrichtung wirken. Dabei werden die lineare thermische Dehnung Δp_T und die Erstarrungsschrumpfung Δp_{sh} berücksichtigt.

$$\Delta p_{drop} = \Delta p_T + \Delta p_{sh} \qquad \text{Formel 2-9}$$

Als Ergebnis wird mit dem Modell die Dehnungsrate $\dot{\varepsilon}$ bestimmt, die ein erstarrender Körper maximal aufnehmen kann, ohne Heißrisse auszubilden. Somit ist die Dehnungsrate im RDG-Modell der entscheidende thermomechanische Einflussfaktor. Im Vergleich dazu wird die Dehnungsrate im TIS Heißrisskonzept nur berücksichtigt, um eine Dehnung zu erzeugen, die das Verformbarkeitsvermögen übersteigt.

Die Dehnungsrate kann in Schweißprozessen durch das Produkt aus Abkühlrate an der Phasengrenze multipliziert mit einem Schrumpffaktor β_T angenähert werden [DRE08a]:

$$\dot{\varepsilon} = -\beta_T \left(\frac{dT}{dt}\right)_{SL} = \beta_T |G_{SL} V_{SL}|$$ Formel 2-10

Aus dem entstehenden Druckabfall im innerdendritischen Raum resultiert ein Druckgradient, der die Bewegung von Schmelze zu den Dendritwurzeln bewirkt. Durch diesen Umstand wird der Druck ausgeglichen, was der Bildung von Kavitäten entgegen wirkt. Die Bildung von Heißrissen geht somit aus der Konkurrenzsituation von verformungsinduziertem Druckabfall und dem Druckausgleich durch Schmelzerückfluss hervor. Die Fähigkeit der Schmelze zwischen den Dendriten zu fließen, wird durch die Permeabilität K beschrieben. Diese kann in einem gerichteten dendritischen Gefüge durch die Carman-Kozeny Gleichung angenähert werden [KUB85]:

$$K = \frac{\lambda_2^2}{180} \frac{(1 - f_s)^3}{f_s^2}$$ Formel 2-11

Die Permeabilität nimmt somit für einen größeren Feststoffanteil f_s und einen kleineren sekundären Dendritarmabstand ab. In dem RDG Modell wird $T_C = T(f_s = 0{,}98)$ angenommen, so dass $f_s = 0{,}98$ die Obergrenze für die Berechnung ist. Für ein globulares Gefüge kann Formel 2-11 angepasst werden. In diesem Zusammenhang wird die Korngröße K_G anstatt λ_2 verwendet [GRA00]. In einem Mischgefüge kann die Permeabilität über den Anteil an globularen Körnern (A_t) gewichtet werden [TAN14]:

$$K = \left((1 - A_t)\lambda_2^2 + A_t K_G^2\right) \frac{1}{180} \frac{(1 - f_s)^3}{f_s^2}$$ Formel 2-12

Da globulare Körner in der Regel größer sind als der sekundäre Dendritarmabstand, ist ein globulares Gefüge aufgrund der höheren Permeabilität weniger heißrissanfällig. Neben der verbesserten Permeabilität resultieren aus einem globularen Gefüge weitere heißrissverringernde Effekte, die in der Dissertation von Tang detailliert untersucht worden sind [TAN14].

Mit dem RDG-Modell kann der typische Λ-Verlauf der relativen Heißrissanfälligkeit in Bezug auf die Legierungszusammensetzung in guter Übereinstimmung mit experimentellen Ergebnissen für die Aluminium-Kupfer Legierungsgruppe vorhergesagt werden. Bei Anwendung auf Schweißprozesse sagt das RDG-Modell eine höhere Heißrissanfälligkeit für höhere Dehnungsraten und feinere gerichtete dendritische Gefüge voraus. Beides resultiert aus höheren Abkühlraten (siehe Formel 2-10 und 2-12). Diese Vorhersage kann durch viele anwendungsorientierte Veröffentlichungen bestätigt werden [KAT01].

2.2.2.3 Rissinitiierung aus Wasserstoffporen

Obwohl das RDG Model über eine gute Übereinstimmung mit experimentellen Messungen verfügt, sind die Modellannahmen kritisiert worden. In diesem Zusammenhang wird argumentiert, dass für die Bildung von Kavitäten in flüssigem Metall beim Schweißen oder Gießen eine zu geringe Druckreduktion erzielt wird [CON09]. Für eine Aluminiumschmelze mit $T = 660$ C berechnet sich mit der Theorie von Fisher [FIS48], dass eine Druckreduktion um 3050 MPa bei homogener Porenbildung und eine Druckreduktion um 176 MPa bei heterogener Porenbildung an Al_2O_3-

Oxidschichten benötigt werden [CAM91]. Bei Anwendung des RDG-Modells haben Coniglio und Cross für einen Lichtbogenschweißprozess von Aluminium eine Druckreduktion von 0,055 MPa berechnet [CON09]. Dieser Wert liegt deutlich unter den theoretisch benötigten Werten, um Kavitäten in Aluminiumschmelzen zu erzeugen. Heißrisse wurden in den Untersuchungen aber trotzdem festgestellt. Daraus haben die Autoren gefolgert, dass neben der Dehnungsrate weitere Effekte wirken müssen, um innerdendritische Kavitäten zu erzeugen. In Bezug auf das Schweißen von Aluminium haben Coniglio und Cross vorgeschlagen, dass in der Schmelze gelöster Wasserstoff die Bildung von Kavitäten begünstigt [CON09]. Im Allgemeinen ist in der Aluminiumschmelze gelöster Wasserstoff neben Prozessinstabilitäten die Hauptursache für Porenbildung. Während der Erstarrung reichert sich die Schmelze aufgrund des Verteilungskoeffizienten von k_0 = 0,05 mit Wasserstoff an [TOT03]. Dieser kann seinen Ursprung in Oberflächenverschmutzungen, dem Schutzgas oder dem Grundwerkstoff haben [CAO07].

Werden der hydrostatische Druck und der atmosphärische Druck vernachlässigt, ergibt sich für die Bedingung zur Erzeugung von Kavitäten bei Berücksichtigung von gelöstem Wasserstoff [CAM68, CON09]:

$$p_{H2} + |\Delta p_{drop}| > |p_f| \qquad \text{Formel 2-13}$$

wobei p_f dem Druck zur Erzeugung von Kavitäten entspricht [FIS48]. p_{H2} ist der Partialdruck von Wasserstoff. Eine Kavität entsteht, wenn die Summe aus Wasserstoffpartialdruck und der Druckreduktion Δp_{drop} gemäß dem RDG-Modell den Wert von p_f erreicht. Der Wasserstoffpartialdruck kann durch das Sieverts-Gesetz berechnet werden:

$$p_{H2} = 0{,}1 \left(\frac{C_{H'}}{K_S}\right)^2 MPa \qquad \text{Formel 2-14}$$

wobei $C_{H'}$ der Wasserstoffkonzentration in der Schmelze [ml/100 g] entspricht. K_S ist die Sieverts-Zahl. Diese kann für pures Aluminium durch folgende empirische Formel bestimmt werden [TAL04]:

$$K_S = exp\left(\frac{-2700}{T/K}\right) + 2{,}72 \qquad \text{Formel 2-15}$$

Über die Formeln 2-14 bis 2-15 und den Gleichungen zur Erstarrung (Abschnitt 2.1.1) kann die notwendige Wasserstoffanfangskonzentration C_{H0} berechnet werden, um Kavitäten zu erzeugen. Coniglio und Cross haben für den untersuchten Lichtbogenschweißprozess eine Wasserstoffkonzentration von mindestens 1,25 ml/100 g berechnet, wenn heterogene Porenbildung nach der Fisher Theorie vorausgesetzt wird. Bei diesem Wert entstehen im Schweißgut bereits wasserstoffbedingte Makroporen [WOO74]. Da Heißrissbildung beim Aluminiumschweißen nicht zwangsläufig mit der Bildung von Makroporen einhergeht, stellt die Heißrissbildung aus heterogener Porenbildung einen Sonderfall bei hohen Wasserstoffkonzentrationen in der Schmelze dar.

Typischerweise verfügen Aluminiumschmelzen über Mikroporen mit Durchmessern von wenigen Mikrometern, die aufgrund des geringen statischen Auftriebes die Schmelze nicht verlassen [CAM91]. Coniglio und Cross haben diese Mikroporen als Nuklei für die Bildung von innerdendritischen Kavitäten berücksichtigt [CON09]. Um eine vorhandene Mikropore zu vergrößern, müssen laut den Autoren zwei Bedingungen erfüllt werden. Erstens, muss die Wasserstoffkonzentration die maximale Löslichkeit in der Schmelze (0,88 ml/100 g) überschreiten. Zweitens, muss die Summe aus p_{H2} und Δp_{drop} den kapillaren Krümmungsdruck p_K überwinden:

$$p_K = \frac{2\gamma}{r}$$ Formel 2-16

wobei γ die Grenzflächenspannung und r der Porenradius sind. Aus den Mikroporen entstehen entweder Makroporen oder Initiierungspunkte für Heißrisse. Coniglio und Cross geben dazu folgende Bedingungen an [CON09]:

$$2r > (1 - f_s)\lambda_1 \rightarrow Makropore$$
$$2r \leq (1 - f_s)\lambda_1 \rightarrow Heißrissinitiierung$$

Formel 2-17

Für einen Lichtbogenschweißprozess haben Coniglio und Cross berechnet, dass bei Berücksichtigung von Mikroporen eine Wasserstoffanfangskonzentration von 0,5 ml/100 g benötigt wird, um innerdendritische Kavitäten zu erzeugen. Somit wird für die Bildung von innerdendritischen Kavitäten bei vorhandenen Mikroporen weniger als die Hälfte an gelöstem Wasserstoff benötigt als bei heterogener Porenbildung. Prinzipiell können aber beide Heißrissmechanismen auftreten.

Der Heißrissbildungsmechanismus des RDG-Modells wird beim Schweißen von Aluminium durch die Erweiterungen von Coniglio und Cross unterstützt, indem eine physikalische Erklärung für die Bildung von Kavitäten mit der Berücksichtigung von gelöstem Wasserstoff hergeleitet worden ist. Jedoch überwiegt in den Ausführungen von Coniglio und Cross der Einfluss des gelösten Wasserstoffes, sodass die Dehnungsrate eine untergeordnete Rolle bei der Heißrissbildung bekommt [CON09].

2.2.3 Heißrissprüfverfahren

Um einen Werkstoff oder ein Schweißverfahren in Hinsicht auf seine Heißrissanfälligkeit zu bewerten, werden Heißrissprüfverfahren eingesetzt. In diesem Zusammenhang sind mehr als 140 Testverfahren dokumentiert, um die unterschiedlichen Schweißbedingungen abzubilden [KAN14]. Dabei können die Heißrissprüfverfahren in selbstbelastete und fremdbelastete Tests unterteilt werden. Eine Übersicht zu den Testverfahren kann aus der Veröffentlichung von Kannengießer und Böllinghaus entnommen werden [KAN14]. Während der Heißrissprüfprozedur wird eine Verformung des Schweißgutes erzeugt, die bei einem selbstbelasteten Test aus der Thermomechanik und bei einem fremdbelasteten Test zusätzlich aus extern aufgebrachten Kräften resultiert. Die Heißrissanfälligkeit kann anhand des Auftretens von Rissen und der Risslängen bewertet werden.

Die in der Schweißzone auftretenden Dehnungen können durch verschiedene Vorgehensweisen ermittelt werden. Bei fremdbelasteten Heißrisstests ist die einfachste Methode, die Verformung aus dem Belastungsfall abzuleiten. Hierbei werden thermomechanisch induzierte Verformungen vernachlässigt. Verschiedenen Veröffentlichungen belegen, dass die Verformung der Schweißzone anhand von markanten Punkten mit Hochgeschwindigkeitskameraaufnahmen gemessen werden kann [MAT82, KAD13]. Eine weitere Möglichkeit besteht darin, die Probenbleche auf beiden Seiten der Schweißnaht mit Pins zu versehen. Die Abstandsmessung der Pins während der Prüfprozedur erlaubt die Berechnung der Verformungen [KRO07].

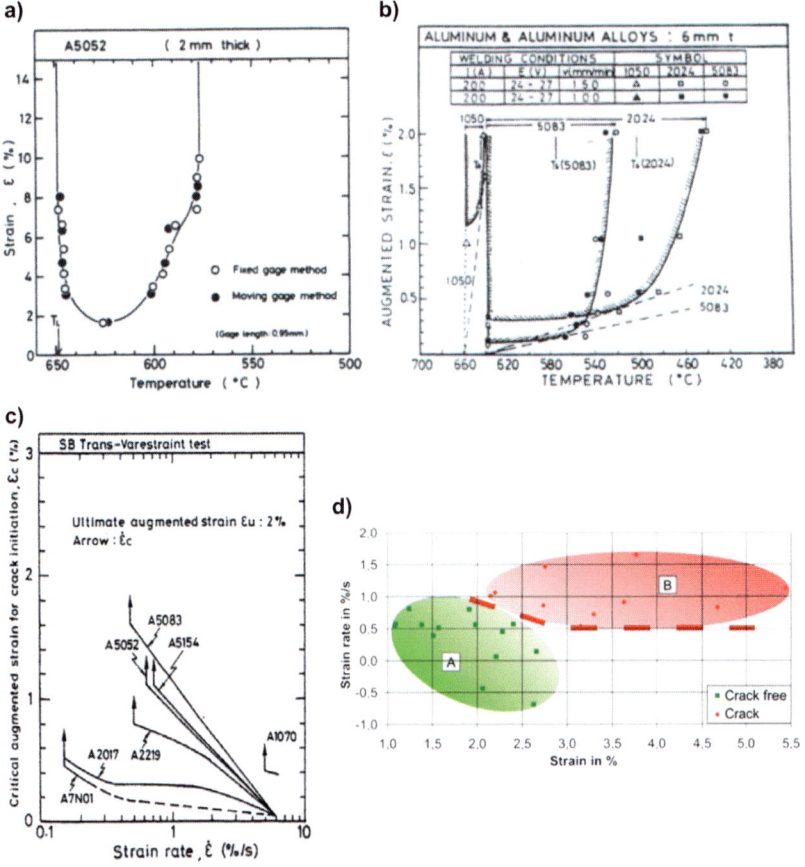

Abbildung 2-6: a) TIS für 5052 Aluminium [MAT83], b) TIS für verschiedene Aluminiumwerkstoffe [SEN71], c) Kritische Dehnung zur Heißrissinitiierung in Abhängigkeit der Dehnungsrate beim Aluminiumschweißen [NAK95] und d) Heißrissbildung in Abhängigkeit der Dehnung und Dehnungsrate beim Schweißen von rostfreiem Stahl [KRO07].

In den vorherigen Abschnitten wird das TIS Konzept und der Einfluss der Dehnung und Dehnungsrate vorgestellt. Im Folgenden werden ausgewählte Ergebnisse von fremdbelasteten Heißrisstests gezeigt, die den Einfluss der Dehnung und Dehnungsrate zeigen, Abbildung 2-6. In den Diagrammen a) und d) resultiert die Verformung aus einer Zugbelastung, welche senkrecht zur Schweißrichtung wirkt. Die Ergebnisse in den Diagrammen b) und c) werden durch eine Biegebelastung erzeugt. Um das Verformbarkeitsvermögen gemäß des TIS darzustellen, müssen der Verformung Temperaturmesswerte zugeordnet werden. Diese Temperaturen, Diagramme a) und b), werden durch Thermoelemente im Schmelzbad gemessen. In a) sind die Messwerte der Verformbarkeitskurve für die 5052 Aluminiumlegierung dargestellt. Die typische U-Form ist ersichtlich (vgl. Abbildung 2-4). Das Diagramm in b) zeigt die Kurven des Verformbarkeitsvermögens für verschiedene Aluminiumlegierungen. Die Kurven starten jeweils ab dem Minimum der Verformbarkeit. Aus dem Vergleich geht hervor, dass die 2024 Aluminiumlegierung in dem Test das größte TIS aufweist. Die 5083 Aluminiumlegierung hat ein kleineres TIS in dem Test. Das Minimum der Verformbarkeit ist jedoch geringer als bei der 2024 Aluminiumlegierung, woraus für die 5083 Aluminiumlegierung eine geringere kritische Dehnungsrate resultiert. Diese können aus der Steigung der gestrichelten Geraden abgeleitet werden. Um das Verformbarkeitsvermögen der 1050 Aluminiumlegierung (kaum Legierungszusätze) zu überschreiten, werden hohe Dehnungsraten gefordert, um so eine hohe Dehnung bei Temperaturen nahe der Liquidustemperatur zu erzielen. Die sich deutlich unterscheidenden absoluten Werte der Dehnung der Ergebnisse aus a) und b) könnten aus den unterschiedlichen Testverfahren resultieren. In Abbildung 2-6 c) ist die Heißrissbildung in Abhängigkeit der Dehnung und der Dehnungsrate für verschiedene Aluminiumlegierungen dargestellt. Die Kurven zeigen die kritische Dehnung zur Heißrissinitiierung in Abhängigkeit der Dehnungsrate. Heißrisse treten jeweils im Parameterraum rechts der Kurve auf. Der nach oben gerichtete Pfeil zeigt die minimal benötigte Dehnungsrate zur Heißrissbildung. Die kritische Dehnung verringert sich tendenziell bei höheren Dehnungsraten. Oberhalb einer Dehnungsrate von 5 %/s können die 5XXX, 2XXX und die 7N01 (japanische Spezifikation, entspricht der 7XXX Legierungsgruppe) Aluminiumlegierungen keine Dehnung aufnehmen ohne Heißrisse zu bilden. Für die 2017 und 7N01 Aluminiumlegierungen, die als heißrissanfällig einzustufen sind, verlaufen die Kurven flacher. In diesem Fall überwiegt der Einfluss der Dehnung. In d) wird ein ähnliches Schaubild für Schweißversuche von rostfreiem Stahl gezeigt. Auch hier entstehen Heißrisse bei höheren Dehnungen und Dehnungsraten.

2.2.4 Abgeleitete Einflussfaktoren

Aus den Modellierungsansätzen und den Ergebnissen der Heißrisstests geht hervor, dass sowohl thermomechanische als auch metallurgische Ursachen die Heißrissbildung begründen können. Folgende Einflussfaktoren werden in dieser Arbeit berücksichtigt:

- Dehnung, da diese eine wichtige Rolle im TIS Konzept spielt und Heißrisstests die Wichtigkeit der Dehnung für die Heißrissbildung untermauern.

- Dehnungsrate, die im RDG-Modell die Heißrissbildung verursacht, im TIS Konzept die notwendige Dehnung erzeugt und höhere Dehnungsraten in Heißrisstests die notwendige rissinitiierende Dehnung verringern.
- Permeabilität des Erstarrungsgebietes für Schmelze, die im RDG-Modell der Bildung von Kavitäten entgegen wirkt.
- Gelöster Wasserstoff, welcher die Bildung von innerdendritischen Kavitäten begünstigt.

2.3 Gepulstes Laserstrahlschweißen

Das gepulste Laserstrahlschweißen ist ein industriell etabliertes Verfahren. Die gepulste Prozessführung ermöglicht sowohl das Punktschweißen als auch das Schweißen von kontinuierlichen Nähten mit überlappenden Punktschweißungen. Als Laserquellen werden hauptsächlich lampen- oder diodengepumpte Festkörperlaser mit Faserkopplung eingesetzt. Die lampengepumpten Systeme haben den Vorteil, dass diese bei gleicher mittlerer Leistung eine höhere Pulsspitzenleistung ermöglichen, die beim Schweißen von hochreflektierenden Materialien, wie z. B. Kupfer, benötigt wird. Diodengepumpte Lasersysteme haben prinzipiell eine höhere Standzeit als lampengepumpte Systeme, bei denen die Blitzlampen im Vergleich zu den Laserdioden schneller degradieren. Die diodengepumpten Laser werden zudem häufig als Faserlaser konzipiert, wodurch mit diesen Systemen kleinere Fokusdurchmesser erreicht werden können [BLI13].

Das gepulste Laserstrahlschweißen wird hauptsächlich dann eingesetzt, wenn ein geringer Wärmeeintrag gefordert ist. In der Mikroverbindungstechnik kann dies der Fall sein, wenn z.B. filigrane Bauteile mit geringen Blechdicken geschweißt werden müssen oder wenn sich wärmeempfindliche Komponenten in der Nähe der Schweißzone befinden. Durch die gepulste Prozessführung kann das Bauteil zwischen den Laserpulsen abkühlen und dadurch Schweißungen mit geringer thermischer Belastung ermöglichen. Mit gepulsten Laserquellen können sowohl Wärmeleitungs- als auch Tiefschweißnähte erzeugt werden [BLI13].

2.3.1 Prozesstechnische Grundlagen

Zentrale Parameter des gepulsten Laserstrahlschweißprozesses werden in der Arbeit von Tzeng zusammengefasst. Diese werden in Abbildung 2-7 dargestellt [TZE00]. Häufig verwendete Parameter zum Beschreiben von gepulsten Laserschweißprozessen sind die Repetitionsrate f_{Rep}, die Pulsdauer τ_{YAG} die Pulsspitzenleistung P_{YAG}, die Pulsenergie E_{YAG} und die durchschnittliche Leistung P_{ave}. Diese ist wie folgt definiert:

$$P_{ave} = f_{Rep} \cdot E_{YAG} = f_{Rep} \int_0^{\tau_{YAG}} P(t)\,dt \qquad \text{Formel 2-18}$$

Beim Nahtschweißen mit überlappenden Schweißpunkten ist der Pulsüberlapp O_V, Abb. 2-7 b), von Bedeutung. Dieser kann durch folgende Gleichung bestimmt werden:

$$O_V = \left(1 - \frac{v}{f_{Rep}(d_{weld} + (v \cdot \tau_{YAG}))}\right) x 100\ \%$$ Formel 2-19

wobei v dem Vorschub und d_{weld} dem erzeugten Schweißpunktdurchmesser entspricht [TZE00].

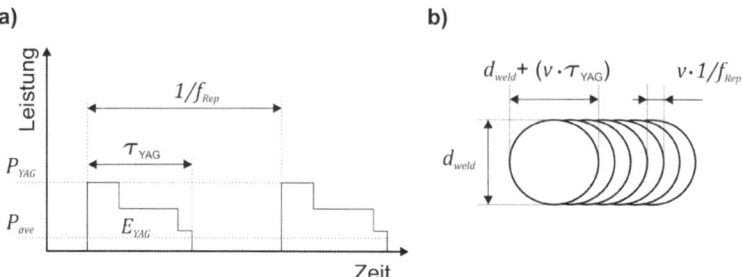

Abbildung 2-7: Parameter des gepulsten Laserstrahlschweißens: a) Zeitliche Pulsung und b) Pulsüberlapp [TZE00]

Das Produkt aus Vorschubgeschwindigkeit und Pulsdauer im Nenner von Formel 2-19 kann vernachlässigt werden, wenn $d_{weld} \gg v\ \tau_{YAG}$. Die einzelnen Laserpulse können, wie in Abbildung 2-7 bereits skizziert, moduliert werden. Das bedeutet, dass die Leistung während eines individuellen Laserpulses einem vorgegebenen Verlauf folgt. Die zeitliche Auflösung der Laserleistung innerhalb eines Laserpulses beträgt bei einem lampengepumpten System typischerweise 50 µs. Wilden hat die Pulsmodulation in die thermische Pulsform und die metallurgische Pulsform unterteilt [WIL09]. Diese Pulsformen sind schematisch in Abbildung 2-8 dargestellt.

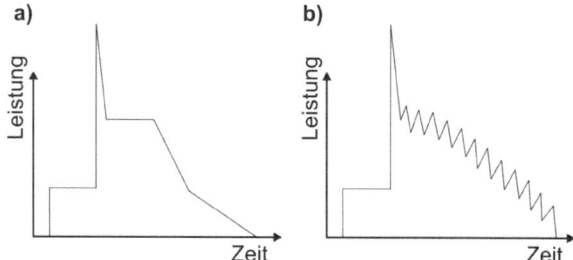

Abbildung 2-8: Pulsmodulation: a) Thermischer Puls und b) Metallurgischer Puls

Die thermische Pulsform, Abb. 2-8 a), unterteilt den Laserpuls in verschiedene Phasen. Mit dem anfänglichen geringen Leistungsniveau soll die Temperatur an der Oberfläche erhöht werden, um die Absorption für den restlichen Teil des Laserpulses zu verbessern. Die folgende kurze Leistungsspitze soll Oxidschichten und Verschmutzungen entfernen und bei hochreflektiven Materialien, z. B. Kupfer, einen reproduzierbaren Schmelzstartzeitpunkt gewährleisten. Danach folgt eine Phase konstanter Laserleistung, die das Schweißvolumen erzeugen soll. Die beiden Abkühlflanken dienen der kontrollierten Temperaturreduktion, um Poren und Heißrisse zu vermeiden [BLI13].

Bei der metallurgischen Pulsform wird der thermischen Pulsform eine hochfrequente Oszillation überlagert. Hiermit lassen sich mehrere Effekte erzielen. Zum einen erhöht sich die lokale konstitutionelle Unterkühlung [KOT08]. Dies wird beim gepulsten Laserstrahlschweißen von Aluminium zur Kornfeinung, d. h. Bildung eines globularen Gefüges, eingesetzt [WIL09]. Weiterhin wird die metallurgische Pulsform beim Schweißen von Mischverbindungen verwendet. Hierbei erhöht die hochfrequente Oszillation der Laserleistung die Marangoni Strömung, die beim Schweißen von artfremden Werkstoffen verbesserte Nahteigenschaften erzeugt [WIL10].

2.3.2 Heißrissvermeidung beim gepulsten Laserstrahlschweißen

Beim gepulsten Laserstrahlschweißen ergeben sich im Vergleich zum Gießen oder kontinuierlichen Schmelzschweißen in der Regel höhere Abkühlraten. So liegen die Abkühlraten beim Gießen bei 10^0-10^1 K/s, beim kontinuierlichen Schmelzschweißen bei 10^1-10^3 K/s [CON13] und beim gepulsten Laserstrahlschweißen bei 10^4-10^6 K/s [OMR12, MIL93, KOT08]. In Bezug auf die Ausführungen der vorherigen Abschnitte lässt sich für das gepulste Laserstrahlschweißen somit eine generell höhere Heißrissanfälligkeit feststellen [KAT01]. Dies wird durch zahlreiche Veröffentlichungen bestätigt und insbesondere beim gepulsten Laserstrahlschweißen mit Rechteckpuls (ohne Pulsform, vgl. Abbildung 2-9) deutlich.

Dazu haben Cieslak und Fürschbach den gepulsten und den kontinuierlichen Laserschweißprozess anhand der 6061, 5456, und 5086 Aluminiumlegierungen verglichen. Beim gepulsten Laserstrahlschweißprozess mit Rechteckpulsen wurden im Gegensatz zum kontinuierlichen Laserstrahlschweißen in allen verwendeten Aluminiumlegierungen Heißrisse erzeugt [CIE88]. Dies wird durch die Untersuchungen von Sheikhi bestätigt, der die 2024 Aluminiumlegierung mit Rechteckpulsen schweißte und dabei Heißrisse in Punkt- und Nahtschweißungen feststellte [SHE09, SHE14]. Michaud hat den gepulsten Laserschweißprozess mit Rechteckpulsen verwendet, um die Heißrissanfälligkeit von purem Aluminium (99,9 % Aluminium) und des Aluminium-Kupfer Legierungssystems zu untersuchen. Die Bewertung ist anhand von Nahtschweißungen (Blindschweißung) mit überlappenden Punktschweißungen vollzogen worden. Dafür sind die Anzahl an Heißrissen, die mittlere Länge der Einzelrisse und die totale Risslänge als Bewertungskriterien verwendet worden. In Bezug auf die Legierungszusammensetzung haben alle Bewertungskriterien den Λ-Verlauf mit der höchsten Heißrissanfälligkeit bei 3,73 wt% Kupfer erzeugt. Das pure Aluminium ist in dem Experiment frei von Heißrissen geblieben [MIC95].

Die Risscharakteristik beim gepulsten Laserstrahlschweißen resultiert bei einzelnen Punktschweißungen aus der Erstarrungsrichtung. Die Erstarrung eines Schweißpunktes verläuft in radialer Richtung von dem Schweißpunktaußenrand zu der Schweißpunktmitte. Dies wird durch Schliffbilder, die die Ausrichtung der Zellen und Dendriten zeigen, belegt und durch die numerische Simulation des Punktschweißprozesses berechnet [MIC95, OMR12]. Durch numerische Simulation wird zudem nachgewiesen, dass die Dehnung im Erstarrungsverlauf zunimmt [LIU14]. Die höchste Heißrissanfälligkeit liegt somit in der Schweißpunktmitte auf der Oberseite vor, da dort die Dehnung ihr Maximum erreicht und die Permeabilität aufgrund des geringen Schmelzanteils ihr Minimum hat. Heißrissbildung in Punktschweißungen ist somit tendenziell radial ausgerichtet und durchdringt in der Regel den Mittelpunkt des Schweißpunktes auf der Oberseite. Verschiedene experimentelle Untersuchungen haben diese Risscharakteristik nachgewiesen, in welchen die Risse immer die Schweißpunktmitte der Oberseite durchdrungen haben [SHE09, MIC95, LIU14, ZHA08]. Bei Nahtschweißungen mit überlappenden rissbehafteten Schweißpunkten wird die Risscharakteristik zusätzlich durch den Pulsüberlapp beeinflusst. Bei höherem Pulsüberlapp hat sich in den Untersuchungen von Sheikhi die Anzahl an Einzelrissen verringert und gleichzeitig die mittlere Heißrisslänge vergrößert [SHE09].

Zur Unterdrückung der Heißrissbildung werden verschiedene Verfahren angewendet, die im Folgenden erläutert werden.

2.3.2.1 Zusatzmaterial

Eine gängige Methode beim Schweißen von heißrissanfälligen Aluminiumlegierungen ist der Einsatz von Zusatzmaterial, der typischerweise als Draht der Schweißzone zugeführt wird. Neben der Drahtzufuhr kann das Zusatzmaterial auch als Beschichtung bei Herstellung der Aluminiumbleche aufgebracht werden [WEL13]. Die Zusammensetzung des Zusatzmaterials muss an die zu schweißende Aluminiumlegierung angepasst werden. Beim Schweißen von 6XXX Aluminiumlegierungen sollte das Zusatzmaterial eine 4XXX Aluminiumlegierung mit naheutektischer Zusammensetzung sein [PIN10]. Beim Vermischen des Grundwerkstoffes mit dem Zusatzmaterial wird die Siliziumkonzentration im Schmelzbad vergrößert. Hierdurch wird der Erstarrungsprozess dahingehend verändert, dass zum heißrisskritischen Erstarrungsende ein größerer Anteil naheutektischer Schmelze vorhanden ist, wodurch die Permeabilität der Restschmelze verbessert wird [DRE08b]. Zusatzwerkstoffe können auch eingesetzt werden, um die Kornstruktur zu verändern. Beim Aluminiumschweißen werden u. a. Titan oder Bor eingesetzt, um ein globulares Gefüge zu erzeugen. Diese Gefügestruktur weist eine geringere Heißrissanfälligkeit auf [TAN14].

2.3.2.2 Pulsformung

In Abbildung 2-8 a) wird das Prinzip der thermischen Pulsform gezeigt, das in diversen Studien zur Vermeidung von Heißrissen verwendet worden ist. Die Studien von Michaud [MIC95], Zhang [ZHA08] und Dworak [DWO13] haben relativ ähnliche Pulsformen genutzt, um Heißrisse beim gepulsten Laserstrahlschweißen von Aluminium zu unterdrücken. Die von den verschiedenen Autoren verwendete Pulsform wird häufig als Ramp-Down (RD) Pulsform (deutsch: Rampenpuls) bezeichnet, Abbildung 2-9. Dabei wird zu Laserpulsbeginn für eine definierte Dauer mit einer konstanten Laserleistung geschweißt, um das Schmelzbad zu erzeugen. Dies ist die Schweißphase des Laserpulses. Danach wird die Laserleistung über einen definierten Zeitraum linear heruntergefahren. Das ist die Abkühlphase. In den Studien wurden verschiedene 2XXX Aluminiumlegierungen [MIC95], die 6061 Aluminiumlegierung [ZHA08] und die 5754 Aluminiumlegierung [DWO13] geschweißt. In der Studie von Michaud wurde die Pulsform anhand von Punktschweißungen optimiert, sodass die Aluminiumkupferlegierung mit einem Kupferanteil von 3,73 wt% rissfrei im Wärmeleitungsschweißregime geschweißt werden kann. Der ideale Laserpuls hatte hierbei eine Schweißphasendauer von 5 ms und eine Abkühlphase mit einer Dauer von 15 ms. Durch eine numerische Simulation wurde dargestellt, dass die Abkühlphase die Erstarrungsgeschwindigkeit im Vergleich zum Rechteckpuls reduziert, was zu einem vergrößerten sekundären Dendritarmabstand mit höherer Permeabilität führt [MIC95].

Die Studien von Dworak und Zhang haben gemeinsam, dass die Heißrissbildung innerhalb von Nahtschweißungen mit überlappenden Punktschweißungen untersucht worden ist. Hervorzuheben sind die Untersuchungen von Zhang, der die Heißrissbildung in Abhängigkeit der Steigung der Abkühlflanke eines Rampenpulses untersucht hat. Innerhalb der Schweißexperimente hatte die Schweißphase eine konstante Dauer von 4 ms. Variiert wurden die Pulsspitzenleistung der Schweißphase und die Dauer der Abkühlphase. In dieser Studie wurden verschiedene Heißrissbildungsregime gefunden. Bei Rechteckpulsen oder kurzen Abkühldauern wurde die Heißrissbildung dem feinen dendritischen Mikrogefüge und der hohen Dehnungsrate zugeordnet. Durch Erhöhung der Abkühldauer auf einen Wert zwischen 11 ms und 16 ms entstand für moderate Pulsspitzenleistungen, die Wärmeleitungsschweißungen erzeugten, ein heißrissfreies Schweißregime. Wurde ausgehend von diesem Prozessregime die Abkühldauer auf Werte oberhalb von 26 ms erhöht, trat Heißrissbildung erneut auf. An den Rissflanken konnte in diesem Fall eine erhöhte Konzentration der Legierungselemente festgestellt werden. Hieraus folgerten die Autoren, dass die Heißrissbildung bei langen Abkühldauern durch erhöhte Segregation von Legierungselementen verursacht wird, wodurch sich das Erstarrungsintervall vergrößert. Oberhalb einer bestimmten Pulsspitzenleistung trat Heißrissbildung unabhängig von den Abkühlbedingungen auf. Dies begrenzte die rissfreien Schweißnähte auf Wärmeleitungsschweißnähte mit Einschweißtiefen kleiner als 0,25 mm [ZHA08].

Neben dem RD Puls wurde von Matsunawa eine weitere Pulsform untersucht, die aus zwei definierten Leistungsniveaus besteht (Tailing-Wave Puls). Das erste höhere Leistungsniveau mit einer Dauer von 5 ms erzeugt, wie beim RD-Puls, das Schweißvolumen. Die Leistung wird dann im Gegensatz zum RD-Puls sprunghaft um mehr als 50 % reduziert. Innerhalb des zweiten Leistungsniveaus mit einer Dauer von 15 ms wird die Leistung graduell heruntergefahren. In einer numerischen Simulation wurde gezeigt, dass diese Pulsform im Vergleich zur RD-Pulsform die Erstarrungsgeschwindigkeit weiter reduziert. In den Untersuchungen wurden heißrissfreie Punktschweißungen mit ungefähr 0,2 mm Einschweißtiefe erzeugt [MAT99]. In Abbildung 2-9 sind die verschiedenen Pulsformen zusammengefasst und den Autoren zugeordnet. In allen Studien wurden heißrissfreie Schweißnähte im Wärmeleitungsschweißregime erzeugt. Die erzielten Einschweißtiefen waren dabei kleiner als 0,25 mm.

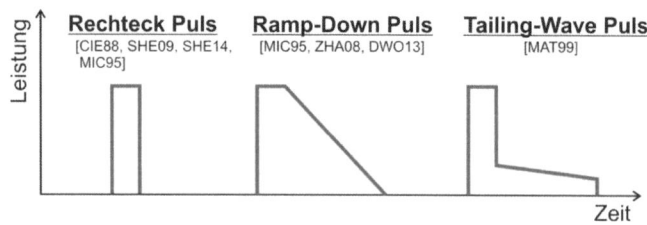

Abbildung 2-9: Dokumentierte Pulsformen beim Aluminiumschweißen

2.3.2.3 Weitere Wärmequellen

Um die Heißrissbildung beim gepulsten Laserstrahlschweißen zu reduzieren, können dem gepulsten Laserschweißprozess weitere Wärmequellen überlagert werden. Die Anzahl und Länge der Heißrisse wurde beim gepulsten Laserstrahlschweißen der 2024 Aluminiumlegierung durch Vorwärmung verringert. Eine vollständige Rissunterdrückung konnte beim Verwenden eines Rechtecklaserpulses bei Vorwärmtemperaturen von bis zu 350 °C nicht erreicht werden [SHE14]. Durch ein Vorwärmen auf Temperaturen oberhalb von 400 °C konnten heißrissfreie Blindschweißungen auf Aluminiumblechen der 6016 Legierung erzeugt werden. In den Untersuchungen wurde eine metallurgische Pulsform, Abb. 2-8 b), verwendet [BER14]. An dieser Stelle ist anzumerken, dass derart hohe Vorwärmtemperaturen beim gepulsten Laserstrahlschweißen von Komponenten in der Mikroverbindungstechnik nicht verwendet werden können. In der gleichen Studie wurde zudem untersucht, inwieweit die Überlagerung eines gepulsten Plasmalichtbogens die Heißrissbildung beim gepulsten Laserstrahlschweißen von 6016 Aluminiumlegierungen verringert. Der gepulste Plasmalichtbogen wurde mit der gleichen Frequenz wie der gepulste Nd:YAG Laser betrieben. Der Plasmalichtbogenpuls wurde dem Laserpuls zeitlich vorangestellt, sodass durch den Plasmalichtbogen eine Vorwärmung erzielt werden sollte. Um Heißrisse bei Verwendung eines Rechtecklaserpulses zu vermeiden, musste die Leistung des Plasmalichtbogens soweit erhöht werden, dass durch den Lichtbogenprozess ein großer Anteil des Schweißgutes erzeugt wurde [BER14]. Diese Prozessführung ist aufgrund des hohen Wärmeeintrages somit nur eingeschränkt auf Schweißanwendungen in der Mikroverbindungstechnik übertragbar.

Aluminium weist bei Wellenlängen im Bereich von 800 nm ein Absorptionsmaximum auf, Abbildung 2-10. Ausgehend von der Wellenlänge des Nd:YAG Lasers mit 1064 nm steigt somit die Absorption für kürzere Wellenlängen [SUT10]. Aus diesem Grund kann die Laserstrahlung von Diodenlasern mit Wellenlängen kleiner als 1000 nm der Laserstrahlung des gepulsten Nd:YAG Lasers überlagert werden, um die Heißrissbildung durch effiziente Vorwärmung zu verringern. Die Überlagerung einer weiteren Laserquelle erweitert die Prozessfreiheitsgrade, wodurch die Laserleistung nicht nur zeitlich, sondern auch örtlich variiert werden kann. Dies kann durch die Wahl des Laserfokusdurchmessers und der Strahlformung der Diodenlaserstrahlung erreicht werden.

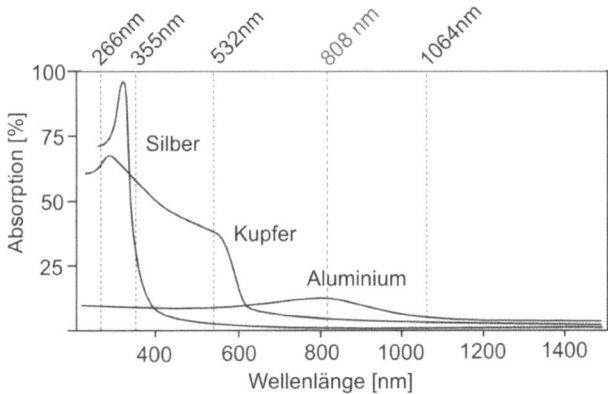

Abbildung 2-10: Absorption verschiedener Metalle in Abhängigkeit der Wellenlänge [SUT10]

Bergmann hat in seiner Studie einen kontinuierlich emittierenden Diodenlaser mit einer Wellenlänge von 980 nm zur Überlagerung des gepulsten Laserschweißprozesses eingesetzt. In der Studie wurde die Heißrissanfälligkeit anhand von Nahtschweißungen bewertet. Durch die Überlagerung konnte sowohl die Prozessgeschwindigkeit vergrößert werden als auch Heißrisse beim Schweißen der 6016 Aluminiumlegierung unterdrückt werden. Die heißrissfreien Einschweißtiefen waren ungefähr 0,7 mm. Zur Heißrissunterdrückung war eine Diodenlaserleistung von 300 W notwendig. Zudem führten die Autoren Temperaturmessungen in 3 mm Entfernung zur Schweißnaht durch. Bei Überlagerung von 100 W Diodenlaserleistung wurde die Temperatur im Vergleich zum konventionellen gepulsten Laserstrahlschweißen um 72 K erhöht [BER15]. Somit muss bei der Überlagerung von kontinuierlicher Diodenlaserstrahlung im Einzelfall geprüft werden, ob die erhöhte Temperatur in der Nähe der Schweißzone für die zu schweißenden Komponenten zulässig ist.

Die Kombination der Laserstrahlung eines gepulsten Nd:YAG Lasers und eines gepulsten Diodenlasers mit einer Wellenlänge von 808 nm wurde von Nakashiba eingesetzt, um die Heißrissbildung in Punktschweißungen der 3003 Aluminiumlegierung zu verringern [NAK11]. Diese Aluminiumlegierung wird generell als heißrissunempfindlich eingestuft [DAV93]. In den Untersuchungen hatte der Nd:YAG Laser eine Pulsdauer von 1,2 ms. Die Heißrissbildung in den Punktschweißungen begründete sich somit aus der sehr hohen Abkühlrate, die durch den kurzen Laserpuls erzeugt wurde. Durch die Überlagerung eines Diodenlaserpulses mit einer Vorwärm- und Nachwärmphase wurde die Heißrissbildung verringert. Der Diodenlaserpuls hatte dabei eine Leistung von bis zu 40 W und eine maximale Nachwärmdauer von 20 ms. Durch eine numerische Simulation des Temperaturverlaufes und eine Prozessbeobachtung des Schmelzbades mit einer Hochgeschwindigkeitskamera wurde festgestellt, dass der Diodenlaserpuls die Abkühlrate verringert [NAK11]. Bei dieser Prozessführung wird der gepulste Schweißprozess beibehalten, woraus ein geringerer Wärmeeintrag als bei der Überlagerung von kontinuierlicher Laserstrahlung resultiert.

Jedoch fehlt der Nachweis, dass dieses Verfahren auch bei heißrissempfindlicheren Aluminiumlegierungen funktioniert.

2.3.2.4 Prozesskontrolle

Für das Laserstrahlschweißen sind verschiedene Verfahren und Systeme verfügbar mit denen der Schweißprozess überwacht und geregelt werden kann. Dabei werden die Methoden in die vorlaufende, die in-situ und die nachlaufende Prozesskontrolle unterteilt [NOR07]. Innerhalb der vorlaufenden Prozesskontrolle wird z. B. durch das Lichtschnittverfahren die Lage der Fügepartner in Bezug auf die Position des Laserfokus geregelt [MÜL05]. Die Verfahren der in-situ Prozesskontrolle verwenden verschiedene Prozesssignale, um spezifische Schweißdefekte nachzuweisen und diesen entgegen zu wirken. Beispiele für Prozessmessgrößen sind die rückreflektierte Laserstrahlung, die Prozessstrahlung und die Geometrie des Schmelzbades und der Dampfkapillare, die über bildgebende Sensorik erfasst werden können [NOR07]. Hiermit können Schweißdefekte, wie z. B. unzureichende Einschweißtiefe oder Schmelzbadauswürfe, nachgewiesen werden. Da die Heißrissbildung bei hohem Feststoffanteil auftritt, kann mit der in-situ Prozesskontrolle der Heißrissbildung nur indirekt entgegen gewirkt werden, indem sichergestellt wird, dass definierte Prozessgrenzen eingehalten werden.

Mit der nachlaufenden Prozesskontrolle kann die Heißrissbildung nachgewiesen werden, da die Rissbildung üblicherweise auf der Nahtoberseite ersichtlich ist und im Extremfall eine Trennung der Fügepartner vorhanden ist. Hierbei kann z. B. das Lichtschnittverfahren eingesetzt werden, um die Oberflächentopographie der Schweißnaht und somit den Riss zu detektieren. Das von Huang und Kovacevic entwickelte Lichtschnittbilderkennungsverfahren erreicht dabei eine laterale Auflösung von bis zu 0,06 mm/pixel [HUA11]. Heißrisse können auch direkt von Kamerasystemen erfasst werden, da die durch den Riss initiierte Unterbrechung der Oberfläche zu einer verminderten Lichtreflektion in diesem Bereich führt. Entscheidende Faktoren beim Einsatz von Kamerasystemen sind die Beleuchtung und die nachträgliche Bildverarbeitung [HO90]. Beim Schweißen in Blechrandlage kann die kontinuierliche Heißrissbildung entlang der Nahtmitte auf Basis einer veränderten Temperaturverteilung nachgewiesen werden [STR16].

In Bezug auf die Heißrisserkennung in gepulsten Laserstrahlschweißprozessen ist kein auf den gepulsten Laserstrahlschweißprozess optimiertes Verfahren bekannt. Hierbei ist die Erkennung der überlappenden Schweißpunkte von besonderer Bedeutung.

2.3.2.5 Fazit zur Heißrissbildung beim gepulsten Laserstrahlschweißen

Die Heißrissbildung beim gepulsten Laserstrahlschweißen von Aluminium ist durch viele Studien belegt. Die Zufuhr von Zusatzmaterial ist eine häufig anzutreffende Gegenmaßnahme bei kontinuierlichen Schmelzschweißprozessen. In vielen Schweißaufgaben der Mikroverbindungstechnik ist die Zufuhr von Zusatzmaterial aufgrund der kleinen Schweißdimensionen nicht möglich. Das Gleiche gilt für die Vorwärmung oder die Überlagerung von kontinuierlich wirkenden Wärmequellen, wenn sich temperatursensible Komponenten in der Umgebung der Schweißnaht befinden.

Aus diesem Grund beschränken sich die Gegenmaßnahmen auf die örtliche und zeitliche Steuerung der Laserleistung. An dieser Stelle ergibt sich aus mehreren Gründen Forschungsbedarf. Zum einen fehlt eine detaillierte und getrennte Betrachtung der Heißrissbildung in Punkt- und Nahtschweißungen. Außerdem sind in der Vergangenheit hauptsächlich numerische Berechnungen durchgeführt worden, um die Erstarrungsparameter in Bezug auf die Pulsform zu berechnen. Dabei fehlt eine umfassende Prozessbeobachtung des Erstarrungsprozesses, um die Wirkung der Laserparameter besser zu verstehen. Die Überlagerung einer weiteren gepulsten Laserquelle eröffnet neue Freiräume, indem die Laserleistung neben der zeitlichen Pulsform auch örtlich variiert werden kann. Hierbei bleibt die gepulste Prozessführung erhalten. Jedoch fehlt die Bewertung dieser Prozessführung anhand einer heißrissanfälligen Aluminiumlegierung sowie eine detaillierte Betrachtung des Wirkungsmechanismus.

Neben der Prozessoptimierung besteht Bedarf an einem Verfahren zur nachträglichen Heißrisserkennung in gepulsten Laserstrahlschweißprozessen.

3 Aufgabenstellung

3.1 Problemstellung

Aushärtbare Aluminiumlegierungen der 6XXX Serie mit den Hauptlegierungselementen Magnesium und Silizium werden für unterschiedlichste Anwendungen verwendet. In der Mikrosystemtechnik wird dieser Werkstoff u. a. als Gehäuse für elektronische oder opto-elektronische Komponenten eingesetzt. Das begründet sich aus der elektromagnetischen Verträglichkeit und der sehr guten Zerspanbarkeit dieses Werkstoffes. Bei hohen Dichtigkeitsanforderungen muss das Gehäuse durch einen berührungslosen Schmelzschweißprozess hermetisch geschlossen werden. Beim Schweißen dürfen die Systemkomponenten keine hohen Temperaturen erfahren, weshalb kontinuierliche Schmelzschweißverfahren, wie z. B. das Lichtbogenschweißen, nicht anwendbar sind. Das gepulste Laserstrahlschweißen hat in diesem Zusammenhang das größte Potential, die Anforderungen zu erfüllen. Der Wärmeeintrag kann durch die Verwendung eines kleinen Laserfokus örtlich begrenzt und durch die Pulsung zeitlich dosiert werden.

Beim Schweißen ist die hohe Heißrissanfälligkeit der 6XXX Aluminiumlegierungen zu berücksichtigen. Aus diesem Grund werden diese Legierungen im industriellen Umfeld in der Regel mit Zusatzwerkstoff geschweißt. In der Mikroverbindungstechnik können die Zugänglichkeit und die geringen Dimensionen der Verbindungszone dazu führen, dass die Zuführung von Zusatzdraht unmöglich ist. In diesen Fällen muss die Heißrissbildung beim gepulsten Laserstrahlschweißen durch die Pulsform oder Überlagerung weiterer Wärmequellen verhindert werden. In Bezug auf den Stand der Technik ist bei der autonomen gepulsten Prozessführung heißrissfreies Schweißen nur bei geringen Einschweißtiefen (< 0,25 mm) im Wärmeleitungsschweißregime möglich. Höhere Einschweißtiefen und Schweißungen im Tiefschweißregime sind bei diesen Legierungen immer mit Heißrissbildung verbunden.

Aus wissenschaftlicher Sicht haben sich vorherige Studien auf die numerische Simulation des Erstarrungsprozesses und auf die Auswertung von Schliffbildern fokussiert, um die Heißrissanfälligkeit in Bezug auf die Pulsform zu erklären. Diese Vorgehensweise begründet sich aus den sehr kurzen Prozesszeiten und den kleinen Schweißdimensionen, was die Prozessbeobachtung beim gepulsten Laserstrahlschweißen erschwert. Zudem fehlt eine detaillierte und getrennte Betrachtung der Rissbildung in Punkt- und Nahtschweißungen.

3.2 Zielstellung und Vorgehensweise

Innerhalb dieser Arbeit soll die Heißrissbildung beim gepulsten Laserstrahlschweißen von 6XXX Aluminiumlegierungen verringert werden, das repräsentativ an der 6082 Aluminiumlegierung dargestellt wird. Rissfreie Schweißungen dieser Aluminiumlegierung sollen bei höheren Einschweißtiefen ermöglicht werden, ohne dass Zusatzdraht zugeführt werden muss. Dabei sollen zum einen die Mechanismen zur Rissbildung in Punktschweißungen erforscht werden und zum anderen der Zusammenhang zwischen der Rissbildung einzelner überlappender Schweißpunkte und der Rissausbreitung entlang einer Schweißnaht ermittelt werden. Zudem soll der Erstarrungsprozess von Aluminium in Bezug auf die Parameter des gepulsten Laserstrahlschweißprozesses experimentell erforscht werden, um eine Validierung vorhergehender und zukünftiger numerischer Studien zu ermöglichen.

In Abbildung 3-1 wird die Vorgehensweise zur Erreichung der angestrebten Ziele grafisch dargestellt. Um die Ergebnisse in Bezug auf den Stand der Technik bewerten zu können, wird für die grundlegenden Untersuchungen die bekannte Rampenpuls (RD) Pulsform mit Abkühlflanke verwendet. Diese Pulsform ist in verschiedenen Studien zur Heißrissreduktion eingesetzt worden, siehe Abb. 2-9, und ist somit eine gute Bewertungsgrundlage. Hierbei werden Pulsleistung und Abkühldauer variiert, um unterschiedliche Abkühlbedingungen und Einschweißtiefen zu erzeugen. Die Betrachtung der Heißrissbildung beim gepulsten Laserstrahlschweißen wird getrennt anhand von Punkt- und Nahtschweißungen durchgeführt.

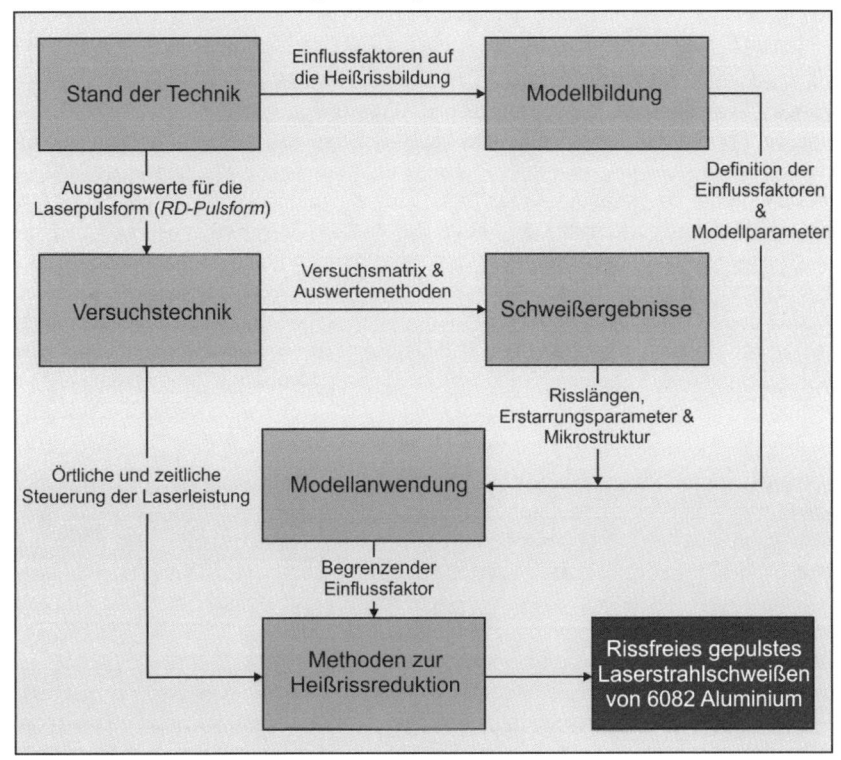

Abbildung 3-1: Grafische Darstellung der Vorgehensweise

Für beide Prozesse wird ein Modell zur Heißrissbildung hergeleitet. Die Modellierung des Punktschweißprozesses wird die metallurgischen und thermomechanischen Aspekte der Heißrissbildung umfassen. Hier werden bestehende Modelle zur Heißrissbildung auf den gepulsten Laserschweißprozess angewendet und rissinitiierende

Einflussfaktoren definiert. Für das Schweißen von Nähten, die aus überlappenden Schweißpunkten bestehen, wird ein geometrisches Modell verwendet, mit dem die Rissgeometrie in Punktschweißungen mit der Risscharakteristik entlang von Schweißnähten gekoppelt werden kann.

Um die in dem Punktschweißmodell definierten Einflussfaktoren zu bewerten, müssen verschiedene Erstarrungsparameter bekannt sein. Diese sollen experimentell mit Hochgeschwindigkeitskameraaufnahmen des sichtbaren Schweißpunktes und der Prozessstrahlung im infraroten Bereich ermittelt werden. Im Nachgang angefertigte Schliffbilder ermöglichen den Abgleich der ermittelten Erstarrungsparameter mit dem entstehenden Gefüge und den Risslängen. Zur Evaluierung des Rissbildungsmodells beim Nahtschweißen werden die Risse in individuellen Punktschweißungen mit einer Kamera entlang der Schweißnaht aufgenommen. Diese können mit der Risscharakteristik der entstandenen Naht verknüpft werden, um die Bedingungen für die Rissinitiierung und Rissheilung abzuleiten.

Durch die Anwendung des Modells und den Abgleich mit den experimentell ermittelten Risslängen soll für die einzelnen Prozessregime und Prozessparameter der dominante Heißrissmechanismus bestimmt werden. Aufbauend auf diesen Erkenntnissen soll die Pulsform angepasst werden, um die Heißrissbildung zu verringern. In diesem Zusammenhang steht für diese Arbeit ein Versuchsaufbau zum kombinierten Schweißen mit Diodenlaser und Nd:YAG Laser zur Verfügung. Somit kann innerhalb einer Punktschweißung die Laserleistung zeitlich und örtlich variiert werden.

Weiterhin soll ein Bilderkennungsverfahren zur automatisierten Heißrissdetektion in gepulsten Laserstrahlschweißprozessen entwickelt werden.

4 Modellbildung

In Kapitel 2 werden verschiedene Modellierungsansätze, Prüfmethoden und Verfahren zur Heißrissreduktion vorgestellt. Die Erklärungsansätze konzentrieren sich dabei jeweils auf ausgewählte Einflussfaktoren und bestimmte Schweißprozessregime. In Bezug auf das gepulste Laserstrahlschweißen ist zudem keine ausführliche getrennte Betrachtung zwischen der Rissbildung in einer Punktschweißung und der Risscharakteristik entlang einer Schweißnaht vollzogen worden.

In dieser Arbeit soll eine getrennte Betrachtung zwischen der Rissbildung in einer Punktschweißung und der Rissausbreitung über mehrere Punktschweißungen entlang einer Schweißnaht durchgeführt werden. Dabei sollen die im Stand der Technik identifizierten Einflussfaktoren auf die Heißrissbildung in Punktschweißungen angewendet werden. Weiterhin soll durch ein geometrisches Modell die Rissbildung entlang einer Schweißnaht beschrieben und bewertet werden. Auf Basis der Modellauswertung können Strategien entwickelt werden, um die Heißrissbildung beim gepulsten Laserstrahlschweißen zu verringern.

4.1 Rissbildung in Punktschweißungen

In Abschnitt 2.2.4 werden verschiedene Einflussfaktoren für die Heißrissbildung identifiziert, die für die Modellierung der Rissbildung innerhalb einer Punktschweißung geeignet sind. Die Einflussfaktoren werden in thermomechanische und metallurgische Einflussfaktoren unterteilt. Abbildung 4-1 zeigt eine schematische Darstellung einer Blindschweißung während der Erstarrung. In der Detaildarstellung der Erstarrungszone sind die einzelnen Einflussfaktoren zusammengefasst.

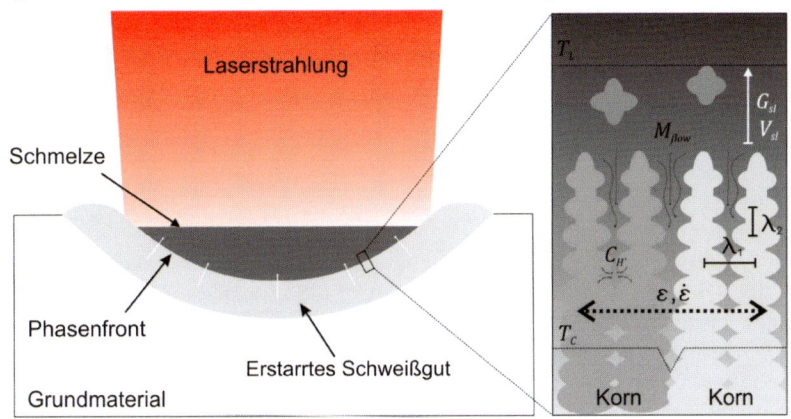

Abbildung 4-1: Einflussfaktoren auf die Rissbildung

Die Heißrissbildung findet im Temperaturbereich zwischen der Liquidus- T_L und Dendritenvereinigungstemperatur T_C statt. Unterhalb von T_C sind die Dendriten zusammengewachsen und können Verformungen widerstehen. Die Heißrissbildung wird vornehmlich an Korngrenzen stattfinden, da die Dendritvereinigung an den

Korngrenzen zu einem späteren Erstarrungszeitpunkt vollzogen wird, was sich aus der unterschiedlichen Orientierung der Körner begründet [DRE10].

Gemäß dem RDG-Modell [RAP99] kann die heißrissinduzierende Druckreduktion durch einen Rückfluss von Schmelze M_{flow} zu den Dendritwurzeln kompensiert werden. Mit der berechneten Permeabilität K aus Formel 2-12 kann die Effizienz dieses Mechanismus bewertet werden. Dazu muss die Ausprägung und Größe der Mikrostruktur bestimmt werden. Aus metallographischen Untersuchungen kann der Anteil an globularen Körnern und deren Größe bestimmt werden. Der sekundäre Dendritarmabstand lässt sich anhand der gemessenen Abkühlrate und der Formel 2-8 annähern.

Zudem müssen aus metallurgischer Sicht die Seigerung von Wasserstoff $C_{H'}$ berücksichtigt werden, die gemäß den Ausführungen von Coniglio Heißrisse beim Aluminiumschweißen verursachen [CON09]. Die Entmischung von Wasserstoff an der Phasengrenze $C_{H'}$ kann über die Scheil-Gleichung, Formel 2-2, berechnet werden. Da beim gepulsten Laserschweißprozess hohe Abkühlraten und hohe Erstarrungsgeschwindigkeiten erreicht werden, wird der effektive Verteilungskoeffizient gemäß dem BPS Modell (Formel 2-4) bestimmt. Für die Breite der Diffusionsschicht δ wird die Approximation von Wilson verwendet, Formel 2-5 [WIL78]. Dabei wird angenommen, dass konvektiver Stofftransport außerhalb der Dendriten dominant ist, sodass die Nebenbedingung $\delta \leq \lambda_2$ gilt. In Kombination mit metallurgischen Untersuchungen hinsichtlich der Wasserstoffporenbildung kann somit eine Aussage darüber getroffen werden, ob die Seigerung von Wasserstoff einen dominanten Heißrissbildungsmechanismus beim gepulsten Laserstrahlschweißen von Aluminium darstellt. Die Seigerung von Legierungselementen, die in den Untersuchungen von Zhang das Erstarrungsintervall und somit die Heißrissanfälligkeit beim gepulsten Laserstrahlschweißen erhöhen [ZHA08], wird nicht als Heißrissbildungsmechanismus berücksichtigt. In der Studie von Zhang trat diese Heißrissform für Pulsdauern größer als 30 ms auf [ZHA08]. In dieser Arbeit beträgt die maximale Pulsdauer 20 ms.

In Bezug auf die Thermomechanik werden die Dehnung ε und die Dehnungsrate $\dot{\varepsilon}$ als wichtige heißrissinitiierende Einflussfaktoren identifiziert. Die Dehnungsrate kann über die Formel 2-10 angenähert werden. Die Dehnung des Schweißgutes kann mit Hilfe von Hochgeschwindigkeitskameraaufnahmen gemessen werden [MAT82, KAD13]. Dies wird in dieser Arbeit angewendet. Dabei wird die Dehnung beim gepulsten Laserstrahlschweißen durch die Verformung der Punktschweißung während der Erstarrung approximiert. Hierfür wird die Fläche der Punktschweißung bei einsetzender Erstarrung A_{molten} und nach vollzogener Erstarrung A_{solid} bestimmt. Die flächige Dehnung ε_{areal} als Maß für die Gesamtdehnung wird gemäß der Formel 4-1 bestimmt:

$$\varepsilon_{areal} = \frac{A_{molten} - A_{solid}}{A_{solid}} \qquad \text{Formel 4-1}$$

Die zur Berechnung der identifizierten Einflussfaktoren verwendeten Formeln sind in Tabelle 4-1 zusammengefasst.

Tabelle 4-1: Berücksichtigte Einflussfaktoren

Einflussfaktor	Berechnung	Formel
Permeabilität K	$K = \left((1 - A_t)\lambda_2^2 + A_t K_G^2\right)\frac{1}{180}\frac{(1-f_s)^3}{f_s^2}$	2-12
	mit $\lambda_2 = 95{,}8\left(\frac{dT}{dt}\right)^{-0{,}48} = 95{,}8(G_{SL}V_{SL})^{-0{,}48}$	2-8
Wasserstoffseigerung $C_{H'}$	$C_{H'} = C_{H0} f_l^{k_{eff}-1}$	2-2
	mit: $k_{eff} = \dfrac{k_0}{k_0 + (1-k_0)\exp\left(-\delta\frac{V_{SL}}{D_l}\right)}$	2-4
	und $\delta = \dfrac{D_l}{V_{SL}}$ mit $\delta \leq \lambda_2$	2-5
Dehnung ε_{areal}	$\varepsilon_{areal} = \dfrac{A_{molten} - A_{solid}}{A_{solid}}$	4-1
Dehnungsrate $\dot{\varepsilon}$	$\dot{\varepsilon} = -\beta_T\left(\dfrac{dT}{dt}\right)_{SL} = \beta_T |G_{SL}V_{SL}|$	2-10

4.2 Rissbildung entlang einer Schweißnaht

Um mit dem gepulsten Laserschweißprozess eine Schweißnaht mit homogener Schweißnahtwurzel zu erzeugen, müssen die einzelnen Schweißpulse eine definierte Überlappung aufweisen. Beim gepulsten Laserstrahlschweißen kommt es typischerweise zur vollständigen Erstarrung der Schweißnaht zwischen den einzelnen Laserpulsen. Somit wird durch jeden Laserpuls ein Anteil des vorherigen Schweißpunktes wieder aufgeschmolzen. Durch diesen Umstand können Heißrisse des vorherigen Schweißpunktes umgeschmolzen und ausgeheilt werden, sofern diese im Schmelzbereich des aktuellen Schweißpunktes liegen. Dieser Zusammenhang soll anhand eines geometrischen Modells bewertet werden, welches in Abbildung 4-2 skizziert ist. Die einzelnen Heißrissausprägungen entlang einer Schweißnaht werden in Abb. 4-2 b) gezeigt. Risse im Volumen, die nicht bis zur Oberfläche durchdringen, können nicht innerhalb des Modells berücksichtigt werden, da die Bewertung anhand einer Aufnahme der Schweißpunktoberseite (Abb.4-2 a) durchgeführt wird. Im Stand der Technik wird gezeigt, dass die Heißrissanfälligkeit gegen Ende der Erstarrung zunimmt und die Rissbildung in der Regel die Schweißpunktoberseite durchdringt [LIU14]. Diese wird, wie in Abb. 4-2 a) gezeigt, vermessen. Hierbei werden die Risslänge R^*_{crack} und der Winkel dieses Risses α_{crack} bestimmt. Dabei wird immer der längste Riss innerhalb des relevanten Bereiches betrachtet. Dieser Bereich erstreckt sich von der Schweißpunktmitte bis zum Schweißpunktaußenrand, welcher der Vorschubrichtung entgegengesetzt ist. Dies ist der entscheidende Bereich einzelner

Schweißpunkte entlang der Schweißnaht, da dieser nur teilweise vom Folgepuls umgeschmolzen wird. Die Rissgeometrie in den Schweißpunkten wird der Risscharakteristik entlang der Schweißnaht zugeordnet. Die Schweißpunkte werden mit n, $n+1$, $n+2$, usw. fortlaufend durchnummeriert. Die einzelnen Risscharakteristika (*kein Riss oder Rissheilung, Rissinitiierung und Risstransfer*) werden im Folgenden erläutert:

- *Kein Riss oder Rissheilung*: In diesem Fall ist der Schweißpunkt n entweder frei von Heißrissen oder die Heißrissbildung ist so ausgeprägt, dass der Folgepuls $n+1$ die Risse heilt bzw. umschmilzt. Die sich im Folgepuls $n+1$ bildenden Risse werden erst im darauffolgenden Schweißpuls $n+2$ berücksichtigt. Das entscheidende Kriterium ist, dass der vom Folgepuls $n+1$ nicht umgeschmolzene Bereich des Schweißpunktes n rissfrei ist.

- *Rissinitiierung*: Der Riss in dem Schweißpunkt n wird von dem Folgepuls $n+1$ nicht vollständig umgeschmolzen. Die Schweißnaht ist damit definitiv rissbehaftet.

- *Risstransfer*: Die Rissbildung erstreckt sich über mindestens zwei aufeinanderfolgende Schweißpunkte. Dieser Rissmechanismus beinhaltet die Rissinitiierung im Schweißpunkt n mit dem Zusatz, dass sich der Riss im Schweißpunkt $n+1$ fortführt

Die verschiedenen Rissausprägungen in Schweißnähten sind in Abb. 4-2 b) skizziert.

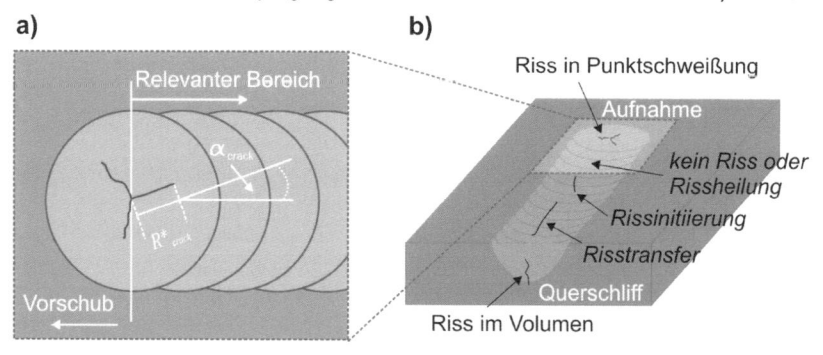

Abbildung 4-2: Geometrische Betrachtung der Rissbildung in Nahtschweißungen: a) Rissbildung in Punktschweißung, b) Schematische Darstellung der Rissbildungsregime [12]

5 Versuchstechnik

In diesem Kapitel werden die Komponenten der Laserschweißstation und die Systeme zur *in-situ* Prozessdiagnostik beschrieben. Weiterhin werden die Versuchsdurchführung und die *ex-situ* Versuchsauswertung erläutert.

5.1 Schweißstation

Innerhalb der experimentellen Untersuchungen werden zwei Laser eingesetzt, deren Parameter in Tabelle 5-1 aufgeführt sind. Der Nd:YAG Laser ist ein lampengepumpter pulsmodulierbarer Laser. Daher kann die Leistung innerhalb eines Laserpulses mit einer Auflösung von 50 µs eingestellt werden. Der Diodenlaser ist ein kontinuierlich emittierendes Lasersystem, welches über eine Schnittstelle am Diodenlasertreiber Laserpulse emittieren kann.

Tabelle 5-1: Verwendete Laserquellen

	Nd:YAG Laser	Diodenlaser
Wellenlänge	1064 nm	811 nm
Max. Mittlere Leistung	220 W	350 W
Max. Pulsspitzenleistung	5500 W	350 W
Repetitionsrate	0,1 – 500 Hz	cw – 1 kHz
Pulsdauer	0,1 – 20 ms	0,1 ms - cw
Faserdurchmesser	400 µm	400 µm
Fokusdurchmesser in Schweißzone	0,4 mm	3 mm

Der Versuchsaufbau, der in Abbildung 5-1 dargestellt ist, ermöglicht das simultane Schweißen mit beiden Laserquellen. Die Laserstrahlung beider Laserquellen wird über dichroitische Spiegel auf einer Strahlachse überlagert und durch eine Fokuslinse (achromatisches Doublet) mit der Brennweite von 80 mm fokussiert. Der Fokusdurchmesser der Nd:YAG Laserstrahlung beträgt 0,4 mm.

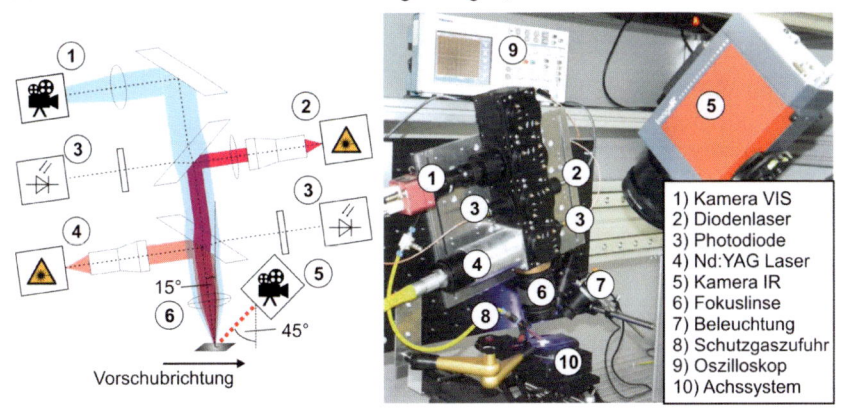

Abbildung 5-1: Versuchsaufbau

1) Kamera VIS
2) Diodenlaser
3) Photodiode
4) Nd:YAG Laser
5) Kamera IR
6) Fokuslinse
7) Beleuchtung
8) Schutzgaszufuhr
9) Oszilloskop
10) Achssystem

Die Diodenlaserstrahlung wird nach dem Austritt aus der Faser kollimiert und durch eine Linse mit einer Brennweite von 300 mm vorfokussiert. Dadurch wird die Fokusebene des Diodenlasers versetzt, wodurch der Fokusdurchmesser der Diodenlaserstrahlung in der Fokusebene des Nd:YAG Lasers 3 mm beträgt. Der Laserkopf ist um 15° gegenüber der Vertikalen geneigt, um eine Schädigung der optischen Komponenten durch Rückreflektionen zu vermeiden. Eine übergeordnete Steuerung kontrolliert die beiden Laserquellen. Photodioden werden in Kombination mit einem Oszilloskop eingesetzt, um die eingestellte Synchronisation der Laserpulse zu verifizieren. Die Schweißprozesse werden mit mehreren Kamerasystemen überwacht, die in Abschnitt 5.4 erläutert werden. Durch Kupferrohre wird Argon als Schutzgasabdeckung der Schweißzone zugeführt.

Die vorgestellte Laserschweißstation erlaubt eine örtliche und zeitliche Variation der Laserleistung innerhalb eines Schweißpulses, wobei sich die örtliche Variation auf die beiden Laserfokusdurchmesser beschränkt. Die Prozessführung wird schematisch in Abbildung 5-2 gezeigt. Abbildung 5-2 a) zeigt die zeitliche Variation der Laserleistung. Innerhalb der Pulsdauer τ_{YAG} kann die Leistung des Nd:YAG Lasers flexibel eingestellt werden. Der Diodenlaserpuls ist ein Rechteckpuls, der mit der Verzögerung τ_{delay} dem Nd:YAG Laserpuls nachfolgt oder bei negativer Verzögerung diesem vorgeschaltet ist.

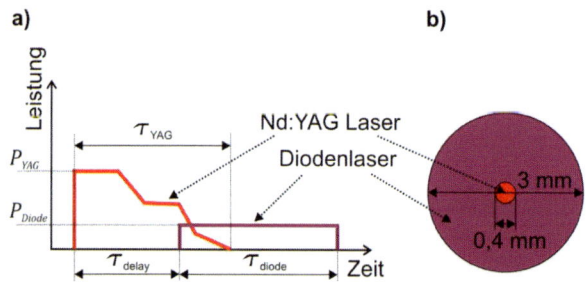

Abbildung 5-2: Freiheitsgrade der Schweißprozessführung: a) Zeitliche Pulsform und b) Örtliche Laserspotüberlagerung

5.2 Material

In den Schweißversuchen wird eine heißrissanfällige 6082-Aluminiumlegierung mit T6 Wärmebehandlung (EN AW 6082-T6) eingesetzt. Diese Aluminiumlegierung eignet sich aufgrund der guten Zerspanbarkeit, der guten Korrosionsbeständigkeit und der elektromagnetischen Verträglichkeit als Gehäusematerial für elektrische oder opto-elektronische Komponenten. Die chemische Zusammensetzung ist in Tabelle 5-2 aufgeführt.

Tabelle 5- 2:Chemische Zusammensetzung von EN AW 6082 Aluminium in Gewichtsprozent

Si	Fe	Cu	Mn	Mg	Cr	Zn	Ti	Al
0.7-1.3	max 0.5	max 0.1	0.4-1.0	0.6-1.2	max 0.25	max 0.2	max 0.1	Rest

Die gewalzten Bleche mit einer Stärke von 0,5 mm werden für die Schweißexperimente auf eine Größe von 50 x 100 mm² zugeschnitten.

5.3 Versuchsdurchführung

Der Laserfokus des Nd:YAG Lasers wird in den Untersuchungen auf die Bauteiloberfläche gelegt. Argon wird der Prozesszone mit einer Rate von 5 l/min zugeführt. Bei Schweißungen, die die Bleche vollständig durchdringen, wird auch die Nahtwurzel mit Argon bei einer Rate von 10 l/min geschützt. Die Heißrissanfälligkeit wird durch Blindschweißungen bewertet. Innerhalb der Blindschweißexperimente werden sowohl Punktschweißungen als auch Schweißnähte mit überlappenden Punktschweißungen erzeugt. Die Bleche werden für die Blindschweißversuche nicht eingespannt, um keine äußeren Spannungszustände einzubringen. Die Punktschweißungen werden bei unbewegtem Aluminiumblech vollzogen. Beim Nahtschweißen wird der Pulsüberlapp durch den Achsvorschub und die Repetitionsrate der Laserpulse eingestellt. Zur statistischen Absicherung werden alle Versuche mindestens dreimal durchgeführt und aus den Ergebnissen der Mittelwert und die Standardabweichung bestimmt. Die Schweißergebnisse werden manuell ausgewertet.

Basierend auf den experimentellen Untersuchungen soll die Heißrissanfälligkeit in den Punkt- und Nahtschweißungen quantifiziert werden. Die in dem Modell zur Heißrissbildung in Punktschweißungen definierten Einflussfaktoren berücksichtigen verschiedene Erstarrungsparameter. Auch diese werden experimentell ermittelt. Diese Untersuchungen werden mit dem gepulsten Nd:YAG Laser durchgeführt ohne dabei den Diodenlaser zu überlagern. Der skizzierte Versuchsaufbau und die verwendete Pulsform sind in Abb. 5-3 dargestellt. Bei der Pulsform handelt es sich um die RD-Pulsform, die auch in verschiedenen Studien [MIC99, ZHA08, DWO13] verwendet wurde. Durch Variation von P_{YAG} und τ_{cool} können sowohl das Schweißvolumen als auch die Abkühlbedingungen verändert werden. Der Leistungsgradient entspricht der Steigung der Abkühlflanke.

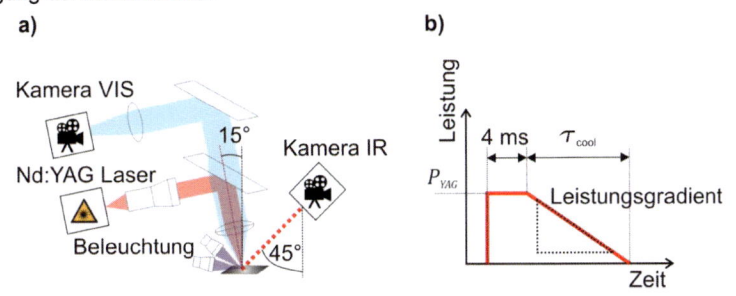

Abbildung 5-3: Versuchsdurchführung: a) Versuchsaufbau b) Pulsform

Final wird die industrielle Übertragbarkeit der gewonnen Erkenntnisse anhand von Nahtschweißungen im Stumpfstoß erprobt. Die Halterung für diese Experimente ist in Abbildung 5-4 aufgezeigt.

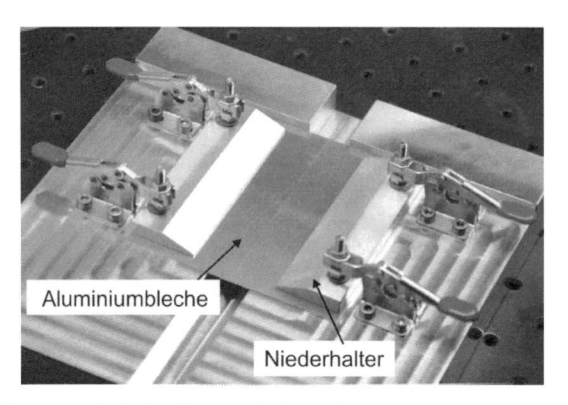

Abbildung 5-4: Halterung für Schweißungen im Stumpfstoß

5.4 *In-situ* Prozessdiagnostik

Um das Verständnis für die Heißrissbildung beim gepulsten Laserstrahlschweißen zu erweitern und die für die Modellierung benötigten Erstarrungsparameter zu ermitteln, wird der gepulste Laserstrahlschweißprozess mit Hilfe verschiedener Kamerasysteme aufgezeichnet. Deren Spezifikationen sind in Tabelle 5-3 aufgeführt. Die Kamerasysteme, die Licht im sichtbaren Bereich detektieren, werden zur Aufnahme der Schweißpunktgeometrie eingesetzt. Beide Kameras werden jeweils koaxial zur Laserstrahlung ausgerichtet und durch die Fokussierlinse geführt. Über ein Zoomobjektiv wird der Kamerafokus auf die Laserfokusebene angepasst. Ein Bandpassfilter, der die Wellenlängen von 435 – 500 nm transmittiert, wird vor dem Zoomobjektiv platziert. Zwei LEDs mit einer jeweiligen Ausgangleistung von 1 W und einer zentralen Wellenlänge von 455 nm werden zur Beleuchtung der Prozesszone eingesetzt. Die Beleuchtung wird direkt oder indirekt über einen diffusen Reflektor vollzogen. Die VIS-Kamera wird verwendet, um entlang einer Schweißnaht die Risscharakteristik der einzelnen Schweißpunkte aufzunehmen. Hierfür wird das Beleuchtungsszenario mit diffusem Reflektor verwendet. Die HS-Kamera soll den Erstarrungsprozess von Punktschweißungen aufnehmen. Damit soll der zeitliche Verlauf des Schmelzbaddurchmessers, die Erstarrungsgeschwindigkeit und die Verformung des erstarrenden Schweißpunktes gemessen werden. Hierfür wird die Prozesszone direkt beleuchtet, da die Belichtungszeiten aufgrund der hohen Bildwiederholrate geringer sind und somit eine höhere Belichtungsintensität erforderlich ist. Die Kameraauflösung wird an die jeweilige Größe der Schweißzone angepasst.

Die Thermokamera wird zur Detektion des örtlichen und zeitlichen Temperaturverlaufs während eines Laserpulses eingesetzt. Hieraus lassen sich die Abkühlrate und der Temperaturgradient an der Phasengrenze während eines Laserpulses bestimmen. Der Bildbereich wird in diesem Zusammenhang auf 32x36 Pixel verkleinert, um bei der maximalen Bildwiederholrate von 2000 fps Thermographie-Bilder zu erfassen. Der Umrechnungsfaktor der einzelnen Kameras wird über den Abgleich mit einer bekannten Messgröße ermittelt.

Tabelle 5-3: Kamerasysteme

	Kamera sichtbar		Kamera infrarot
Bezeichnung	VIS-Kamera	HS-Kamera	Thermokamera
Sensor	CMOS	CMOS	MWIR InSb
Spektralbereich	400–650 nm	350–980 nm	2-5 µm
Max. Bildwiederholrate	25 fps	5000 fps	2000 fps
Anordnung	Koaxial		Off-axis 45°
Objektiv	Achromat f=80 mm		Teleobjektiv f =100 mm mit Vorsatz-Makrolinse f=500 mm
Auflösung	1280x1024	640x480	640x512
Umrechnungsfaktor	3 µm/Pixel	8 µm/Pixel	50 µm/Pixel

Die Systemtechnik zur *in-situ* Prozessbeobachtung ist ein bedeutendes Werkzeug, um den Zusammenhang zwischen den Laserparametern und dem Erstarrungsprozess zu erforschen und daraus die in der Modellierung definierten Einflussfaktoren (Kapitel 4) zu bewerten. Aufgrund der besonderen Wichtigkeit der Prozessbeobachtung werden im Folgenden die Messmethoden, deren Einschränkungen und die Berechnung der Erstarrungsparameter erläutert.

5.4.1 Hochgeschwindigkeitsaufnahme

Abbildung 5-5 zeigt die zeitliche Abfolge eines Punktschweißprozesses innerhalb einer Schweißnaht, die mit der HS-Kamera aufgenommen worden ist. Die Abfolge startet oben links und endet unten rechts, wobei in jeder Aufnahme der Zeitpunkt in Bezug auf den Start des Laserpulses angegeben ist. Das Schmelzbad, der schwarze Kreis in der Schweißpunktmitte, ist zum Zeitpunkt $t = 13.9$ ms in diesem Bild markiert. Gegen Ende der Erstarrung werden zwei helle Bereiche im erstarrten Schweißpunkt ersichtlich. Dies sind direkte Reflektionen der zwei Beleuchtungsquellen. Von besonderem Interesse für die Prozessbewertung ist die Geschwindigkeit der Erstarrungsfront gegen Ende der Erstarrung, wenn die Heißrissanfälligkeit am höchsten ist. Über die zeitliche Veränderung des Schmelzbaddurchmessers kann die Geschwindigkeit der Erstarrungsfront gegen Ende der Erstarrung V_{SL} wie folgt approximiert werden:

$$V_{SL} = -\frac{1}{2}\frac{\partial d_{molten}(t)}{\partial t} \qquad \text{Formel 5-1}$$

wobei $d_{molten}(t)$ der Schmelzbaddurchmesser zum Zeitpunkt t ist. Dieser wurde, wie in Abbildung 5-5 bei $t = 14.2$ ms skizziert, manuell in den Aufnahmen bestimmt. Für die Berechnung von V_{SL} wurden die Schmelzbaddurchmesser verwendet, für die gilt:

$$d_{molten}(t) \leq \frac{1}{3}d_{weld} \qquad \text{Formel 5-2}$$

wobei d_{weld} dem Durchmesser des Schweißpunktes entspricht. Für die Funktion $d_{molten}(t)$ wird in diesem Bereich angenommen, dass sie einer linearen Funktion folgt. Diese Annahme ist mit einer vorhergehenden numerischen Studie vereinbar, welche zeigte, dass die Erstarrungsgeschwindigkeit über einen weiten Bereich der Erstarrung konstant ist [KAT97].

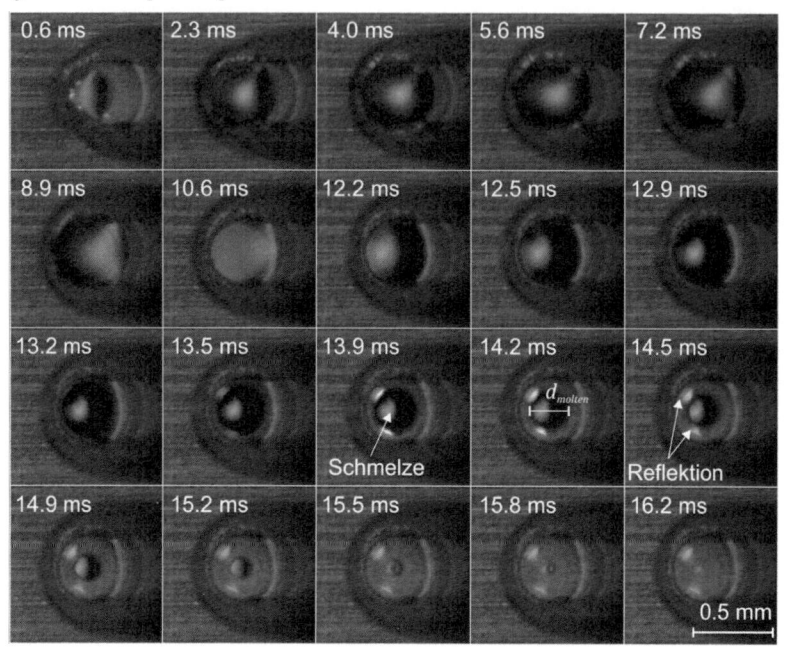

Abbildung 5-5: Hochgeschwindigkeitsaufnahme eines Schweißpunktes: 3000 fps, RD-Pulsform, P_{YAG} = 1,2 kW, τ_{cool} = 16 ms, v =40 mm/min, f_{Rep} = 4 Hz, [1].

Da der Schmelzbaddurchmesser zu Beginn der Erstarrung mit einer geringeren Rate abnimmt, wird die Annahme des linearen Zusammenhangs bewertet. Dies wird in Abbildung 5-6 gezeigt, in welcher der Schmelzbaddurchmesser gegen Ende der Erstarrung für verschiedene Parameter dargestellt wird. Die gestrichelten Linien entsprechen den linearen Anpassungsgraphen, die gemäß den Formeln 5-1 und 5-2 berechnet werden. Das Bestimmtheitsmaß B, welches für jede Berechnung ermittelt wird, ist jeweils größer als 0,9. Hieraus kann abgeleitet werden, dass die getroffenen Annahmen zur Berechnung von V_{SL} zulässig sind.

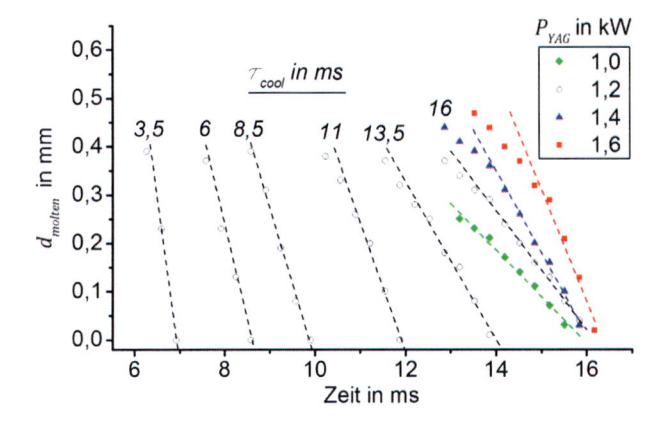

Abbildung 5-6: d_{molten} für verschiedene Laserparameter, RD-Pulsform [1]

5.4.2 Aufnahme der Nahtrissgeometrie

Um die Rissgeometrie innerhalb von individuellen Schweißpunkten entlang einer Nahtschweißung zu vermessen, werden mit der VIS-Kamera Aufnahmen während des Schweißprozesses zwischen den einzelnen Schweißpunkten getätigt. Für diese Aufnahmen wird die Beleuchtung indirekt über einen diffusen Reflektor vollzogen, damit sich die Rissgeometrie gut abzeichnet und möglichst wenige direkte Reflektionen das Bild überbelichten. Zwischen den einzelnen Laserpulsen erstarren die Schweißpunkte vollständig, sodass keine Prozessstrahlung die Aufnahme der Rissgeometrie behindert. Weiterhin kann aufgrund der geringen Vorschübe und kleinen Repetitionsraten eine hohe Belichtungszeit gewählt werden.

Eine Beispielzeitfolge mit korrespondierender REM-Aufnahme wird in Abbildung 5-7 gezeigt. Die Heißrissbildung erstreckt sich entlang der überlappenden Punktschweißungen 7 bis einschließlich 12. Ferner ist die Rissbildung in der letzten Punktschweißung (n = 14) ersichtlich. Unterhalb der REM-Aufnahme wird die zeitliche Abfolge der aufgenommenen Einzelpulse gezeigt. Die Rissgeometrie R^*_{crack}, die manuell ermittelt wird, ist in jeder Aufnahme leicht versetzt zu dem Riss eingetragen. Die Rissgeometrie ist mit dieser Aufnahmetechnik gut nachvollziehbar. Für den Schweißpunkt 14 kann die in-situ aufgenommene Rissgeometrie mit der REM-Aufnahme abgeglichen werden, was die Qualität der Aufnahmetechnik bestätigt. Die Beispielaufnahme beinhaltet die Rissheilung in den Schweißpunkten 1 – 5, die Rissinitiierung in dem Schweißpunkt 6 und den Risstransfer von den Schweißpunkten 7 - 12. Die detaillierten Zusammenhänge werden in Abschnitt 7.2 erläutert.

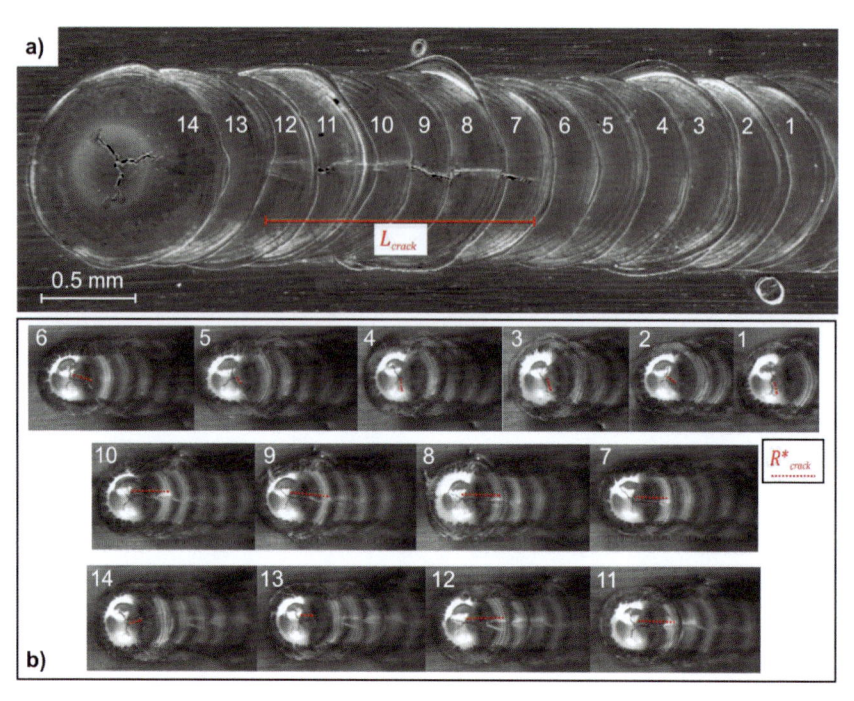

Abbildung 5-7: Beispielzeitfolge einer Nahtschweißung, 20 fps: a) REM Aufnahme b) zeitliche Abfolge der einzelnen Schweißpunkte [12]

5.4.3 Aufnahme der infraroten Prozessstrahlung

Aus den Aufnahmen der Thermokamera wird die zeit- und ortsaufgelöste Temperaturverteilung während eines Laserpulses abgeleitet, um den Temperaturgradienten an der Erstarrungsfront G_{SL}, den zeitlichen Verlauf des Temperaturmaximums in der Schweißpunktmitte und die Abkühlrate zu bestimmen. Hierfür wird ein konstanter Emissionsgrad von $e = 0,2$ angenommen, der bei geschmolzenem Aluminium und Temperaturen größer als 1000°C besteht [TOT03]. Somit wird ein systematischer Fehler begangen, durch den Temperaturen unterhalb von 1000°C unterschätzt werden. Um diesen Fehler zu bewerten, werden Thermographieaufnahmen mit Aufnahmen der HS-Kamera verglichen. Dies ist in Abbildung 5-8 dargestellt, die zwei Schweißpunkte während der Maximaltemperatur zeigt. In a) ist ein Schweißpunkt im Prozessregime Wärmeleitungsschweißen und in b) ein Schweißpunkt im Tiefschweißregime dargestellt. Auf der linken Seite sind die Thermographiebilder abgebildet, für die der Emissionsgrad von 0,2 gilt. Die Temperaturen entlang der schwarzen gestrichelten Linien, die durch das Temperaturmaximum in der Schweißpunktmitte verlaufen, sind in den Diagrammen auf der rechten Seite eingetragen. In den Diagrammen sind zudem die zeitgleichen Aufnahmen der HS-Kamera abgebildet.

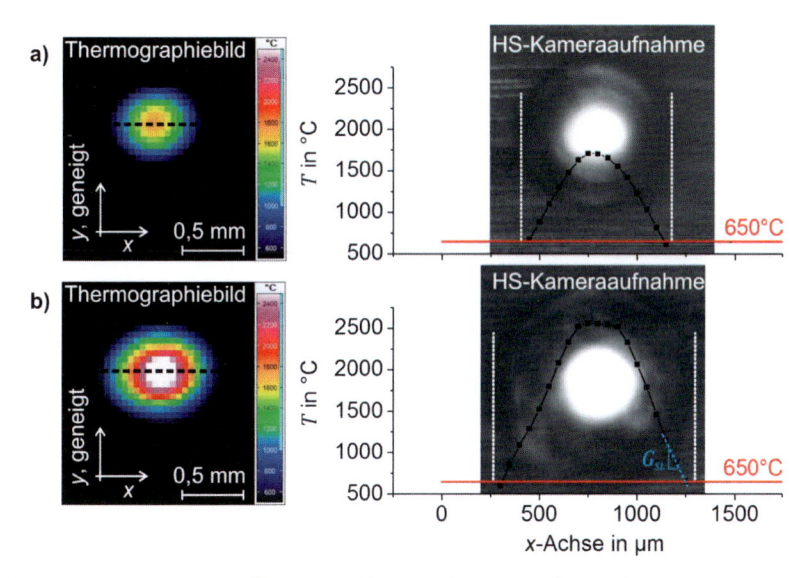

Abbildung 5-8: Vergleich von Thermographie- und HS-Kameraaufnahme bei Maximaltemperatur für Schweißpunkte im : a) Wärmeleitungsschweißen und b) Tiefschweißen [3]

Die Größe des Schweißpunktes kann durch beide Kameras bestimmt werden, woraus der Fehler der Thermokamera berechnet werden kann. Der Schweißpunktdurchmesser, der aus der Aufnahme der HS-Kamera abgeleitet wird, wird durch die gestrichelten weißen Linien dargestellt. Der Schnittpunkt des Temperaturprofils (schwarze Graphen) mit der roten Linie ($T = 650°C$, Liquidus von 6082 Aluminium) markiert die Größe des Schweißpunktes in Bezug auf die Thermographieaufnahme. Wie zu erwarten wird der Schweißpunktdurchmesser im Thermographiebild im Vergleich zu der Aufnahme der HS-Kamera unterschätzt. Die gemessene Abweichung beträgt lediglich 10 %. Zudem detektiert die Thermokamera die Temperaturniveaus der beiden Prozessregime korrekt. Beim Tiefschweißen wird im Bereich der Dampfkapillare die Verdampfungstemperatur von Aluminium ($T = 2470°C$) gemessen. Mit der Thermokamera und den getroffenen Annahmen können somit realistische Temperaturwerte gemessen werden.

Der Temperaturgradient an der Erstarrungsfront G_{SL} wird über folgende Gleichung bestimmt:

$$G_{SL} = \frac{dT(x, y_m)}{dx}$$

Formel 5-3

wobei $T(x,y_m)$ die Temperatur entlang der x-Achse durch den Schweißmittelpunkt (Koordinate y_m) ist. Von besonderer Bedeutung ist der Temperaturbereich, der für die Berechnung von G_{SL} verwendet wird. An dieser Stelle muss der emissionsgradbedingte Fehler der Messmethode berücksichtigt werden. Flüssiges Aluminium mit Temperaturen im Bereich der Liquidustemperatur hat einen Emissionsgrad von ungefähr $e = 0,12$. Beim Erstarren kommt es zur sprunghaften Abnahme des Emissionsgrades auf $e = 0{,}06$ [TOT06]. Aufgrund des aggregatzustandsabhängigen Emissionsgrades ist die berührungslose Temperaturmessung im Erstarrungsintervall von Aluminium sehr fehlerbehaftet. Daher wird für die Bestimmung von G_{SL} ein Temperaturbereich oberhalb der Liquidustemperatur verwendet, da hier der Emissionsgrad lediglich von der Temperatur abhängig ist und eine geringere relative Veränderung des Emissionsgrades vorliegt [TOT06]. Für die Berechnung von G_{SL} werden Temperaturwerte verwendet, für die folgendes gilt:

$$650°C \leq T(x, y_m) \leq 900°C \qquad \text{Formel 5-4}$$

Für $T(x,y_m)$ wird in diesem Bereich ein linearer Zusammenhang angenommen. Weiterhin ist zu berücksichtigen, dass die wahren Temperaturen höher sind, da für diese ein zu hoher Emissionsgrad $e = 0{,}2$ angenommen wird. Dieser Fehler kann aber vernachlässigt werden, weil für die Bestimmung von G_{SL} die Temperaturdifferenzen verwendet werden. Die Berechnung von G_{SL} ist in Abbildung 5-8 anhand der blauen gestrichelten Linie skizziert.

5.5 *Ex-situ* Versuchsauswertung

Die Bewertung der Heißrissanfälligkeit wird durch die manuelle Messung der Risslängen und Schweißgeometrie vollzogen. Dabei wird für die Punkt- und Nahtschweißungen jeweils eine Risslängenmessgröße definiert. Dies wird in Abbildung 5-9 gezeigt.

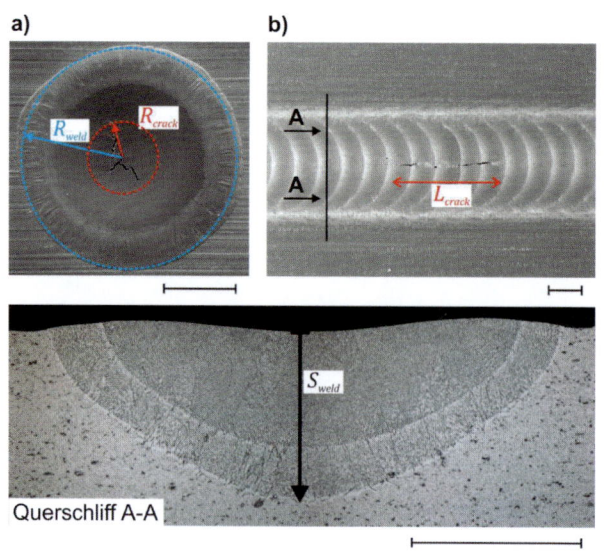

Abbildung 5-9: Vermessung der Riss- und Schweißgeometrie, RD-Pulsform, P_{YAG} = 1,6 kW, τ_{cool} = 8.5 ms: a) Punktschweißung b) Nahtschweißung, f_{Rep} = 4 Hz, v = 40 mm/min; Skala = 200 µm

Für die Punktschweißungen wird der Rissradius R_{crack} als Maß für die Heißrissanfälligkeit herangezogen. R_{crack} ist der Radius des Kreises, welcher seinen Mittelpunkt in der Schweißpunktmitte hat und den Rissanfang des Risses schneidet, sodass R_{crack} maximiert ist. Die Schweißpunktmitte, der Ort an dem der Schweißpunkt final erstarrt, kann über Erstarrungsringe identifiziert werden. R_{crack} wurde auch in den Untersuchungen von Nakashiba verwendet, um verschiedene Laserparameter in Bezug auf die Heißrissanfälligkeit zu bewerten [NAK11]. In Abschnitt 2.3.2 wird dargestellt, dass die Heißrissanfälligkeit gegen Ende der Erstarrung mit höherem Feststoffanteil zunimmt. Punktschweißungen erstarren in radialer Richtung vom Außenrand zur Schweißpunktmitte, sodass die Heißrissanfälligkeit in diese Richtung zunimmt. Hieraus begründet sich die Anwendung dieses Bewertungskriteriums, in dem ein größerer R_{crack} eine höhere Heißrissanfälligkeit bedeutet.

In Bezug auf die Nahtschweißungen wird, wie in Abb. 5-9 b) eingezeichnet, die totale Risslänge in Vorschubrichtung L_{crack} gemessen, um die Heißrissanfälligkeit zu bewerten. Die totale Risslänge wird dabei aufgrund der besseren Vergleichbarkeit und Aussagefähigkeit auf die Länge der Schweißnaht bezogen. Dies entspricht der relativen Risslänge mit L_{crack} / Nahtlänge. Die Risslänge entlang von Schweißnähten wurde auch von Zhang und Michaud verwendet [ZHA08, MIC95], um die Heißrissbildung beim gepulsten Laserstrahlschweißen von Aluminium zu evaluieren. Neben den Risslängen wird auch die Nahtgeometrie erfasst. In diesem Zusammenhang sind der Schweißpunktradius R_{weld} und die Einschweißtiefe S_{weld} von Interesse. Die Einschweißtiefe wird durch Querschliffe von den Nahtschweißungen ermittelt.

Um die Größe und Morphologie der dendritischen Mikrostruktur zu ermitteln, werden Korngrenzschliffe der Oberseiten von Punkt- und Nahtschweißungen angefertigt. Dabei wird elektrolytisch nach den Barker Spezifikationen geätzt, um mit einem optischen Lichtmikroskop unter polarisierter Beleuchtung die Kornstruktur zu erfassen [BAR50]. Die Stumpfstoßschweißungen werden nach dem Schweißen einem Zugversuch unterzogen, um die Zugfestigkeit der Schweißnähte festzustellen. Dafür werden die Schweißnähte mittels Trennschleifen auf 10 mm breite Streifen zugeschnitten. Die Testbedingungen sind in Abbildung 5-10 zusammengefasst.

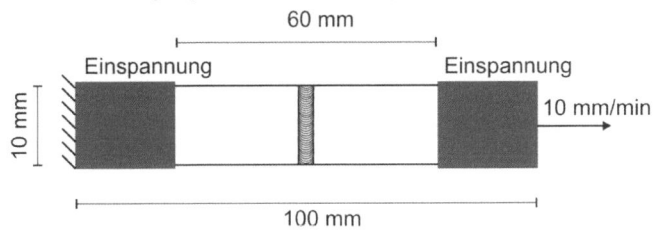

Abbildung 5-10: Bedingungen im Zugversuch

6 Schweißergebnisse

In diesem Kapitel werden die Ergebnisse aus den Schweißversuchen dargestellt. Diese umfassen zum einen die Risslängen und die Schweißgeometrien aus den Punkt- und Nahtblindschweißexperimenten. Zum anderen werden die Ergebnisse zur Schweißpunkterstarrung gezeigt, die mit der HS- und der Thermokamera erfasst worden sind. Weiterhin werden Schliffbilder gezeigt, die die Morphologie und Größe der Mikrostruktur veranschaulichen.

6.1 Schweißgeometrie und Rissbildung

Die Schweißnahtgeometrie und die Rissbildung in den Punkt- und Nahtschweißungen werden gemäß den Erläuterungen aus Abbildung 5-9 ausgewertet.

6.1.1 Einschweißtiefe

Die Einschweißtiefen, die über die Querschliffe von Nahtschweißungen ermittelt worden sind, sind in Abbildung 6-1 dargestellt. Für P_{YAG} < 1,7 kW entstehen Wärmeleitungsschweißnähte. In diesem Bereich steigt die Einschweißtiefe linear mit P_{YAG} an. Der Einfluss von τ_{cool} auf die Einschweißtiefe ist zu vernachlässigen. Bei P_{YAG} = 1,7 kW befindet sich der Schweißprozess im Übergang zum Tiefschweißprozess, sodass es zum überproportionalen Anstieg und zu einer hohen Variation der Einschweißtiefe kommt. Oberhalb von 1,7 kW Pulsspitzenleistung ist der Schweißprozess stabil im Tiefschweißregime. Hier kommt es zu einer vollständigen Durchdringung der Aluminiumbleche. Korrespondierende Schweißnähte sind oberhalb des Diagrammes in Abb. 6-1 a) dargestellt.

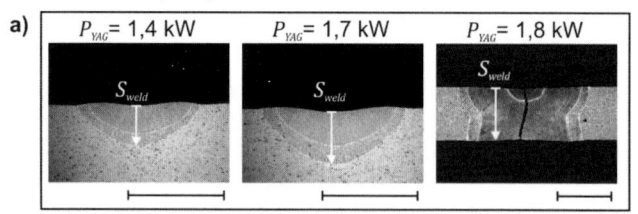

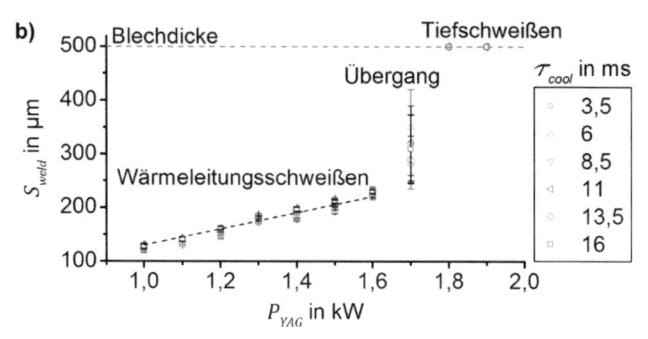

Abbildung 6-1: Einschweißtiefe in Schweißnaht mit f_{Rep} = 4 Hz und v = 40 mm/min: a) Querschliffe, Skala = 0,5 mm und b) Einschweißtiefen

Der Querschliff, der mit P_{YAG} = 1,8 kW erzeugt worden ist, weist eine durchgängige Rissbildung in der Schweißnahtmitte auf.

6.1.2 Rissbildung in Punktschweißungen

Die quantitative Auswertung der Rissbildung in Punktschweißungen ist in dem Diagramm von Abbildung 6-2 a) dargestellt. Da in Abbildung 6-1 gezeigt wird, dass die Einschweißtiefe lediglich von der Pulsspitzenleistung abhängt, wird für R_{weld} der Mittelwert von allen Werten von τ_{cool} gebildet. Der Verlauf von R_{weld} ist dem Verlauf der Einschweißtiefe aus Abbildung 6-2 sehr ähnlich. Beim Übergang ins Tiefschweißregime steigt R_{weld} deutlich an.

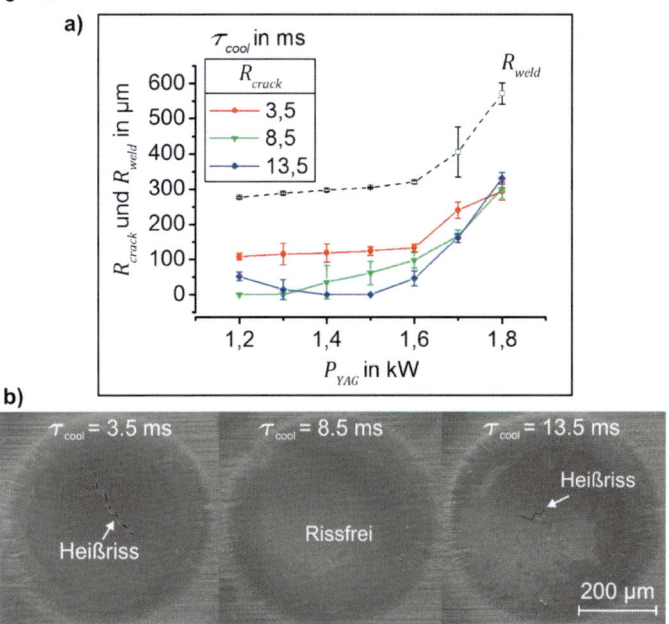

Abbildung 6-2: Rissbildung in Punktschweißungen: a) R_{crack} und R_{weld} und b) REM-Aufnahmen von Punktschweißungen mit P_{YAG} =1,2 kW [1]

Aus Gründen der besseren Darstellung wird R_{crack} lediglich in Bezug auf drei Abkühldauern dargestellt. Die weiteren Daten sind im Anhang in Tabelle 0-1 aufgeführt. Für die kürzeste Pulsdauer mit τ_{cool} = 3,5 ms werden in jeder Punktschweißung Heißrisse gebildet. Heißrissfreie Punktschweißungen können mit τ_{cool} = 8,5 ms für P_{YAG} = 1,2 kW und P_{YAG} = 1,3 kW erzeugt werden. Die Pulsspitzenleistungen P_{YAG} = 1,4 kW und P_{YAG} = 1,5 kW produzieren heißrissfreie Punktschweißungen bei τ_{cool} = 13,5 ms. Beim Übergang zum Tiefschweißen ($P_{YAG} \geq$ 1,7 kW) ist eine deutliche Zunahme des Rissradius erkennbar, der für alle Abkühldauern nahezu identisch ist.

Die in den Punktschweißversuchen beobachtete Risscharakteristik ist in Abbildung 6-3 dargestellt. Generell verlaufen die Heißrisse in radiale Richtung bis zum Mittelpunkt des Schweißpunktes. Dies entspricht auch der Erstarrungsrichtung. Dabei kann sich die Anzahl an Einzelrissen bzw. Rissarmen unterscheiden, wie es in der Abbildung 6-3 durch die Einzelaufnahmen a) bis f) gezeigt wird. In a) ist die Punktschweißung rissfrei. Ausgehend von b) steigt die Anzahl an Rissarmen von einem Rissarm bis hin zu fünf Rissarmen an. Die Rissarme verteilen sich gleichmäßig über den Kreisumfang des Schweißpunktes, sodass der Winkel zwischen den Rissarmen näherungsweise dem Quotienten aus 360° geteilt durch die Anzahl an Rissarmen entspricht. Die Anzahl an Rissarmen korreliert mit dem Rissradius, sodass Punktschweißungen mit großem Rissradius prinzipiell mehrere Rissarme ausbilden. Dies wird in Abbildung 6-4 anhand der durchschnittlichen Anzahl an Rissarmen und des Rissradius veranschaulicht.

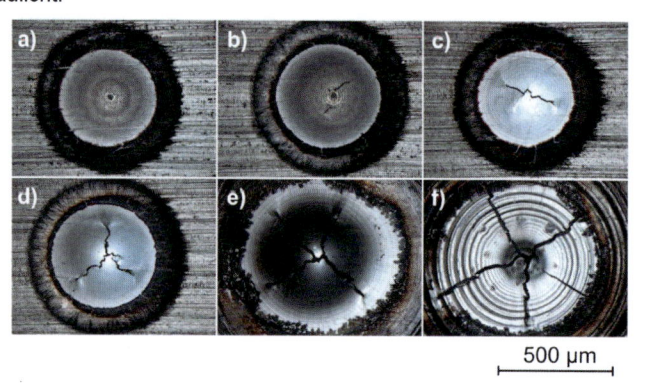

Abbildung 6-3: Punktschweißungen RD-Pulsform: a) rissfrei, P_{YAG} =1,2 kW, τ_{cool} = 8.5 ms b) ein Rissarm, P_{YAG} =1,2 kW, τ_{cool} = 13.5 ms, c) zwei Rissarme, P_{YAG} =1,2 kW, τ_{cool} = 3.5 ms, d) drei Rissarme, P_{YAG} =1,4 kW, τ_{cool} = 3.5 ms, e) vier Rissarme, P_{YAG} =1,8 kW, τ_{cool} = 8.5 ms und f) fünf Rissarme, P_{YAG} =1,8 kW, τ_{cool} = 3.5 ms [12]

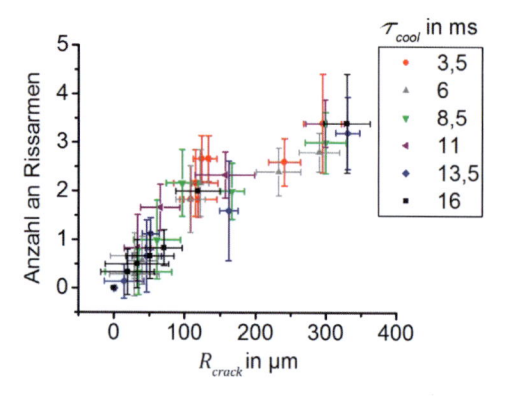

Abbildung 6-4: Zusammenhang zwischen Anzahl an Rissarmen und Rissradius [12]

Mit Hilfe der HS-Kamera wird untersucht, wann die Heißrissbildung im Zeitverlauf an der Schweißpunktoberfläche sichtbar wird. Dazu sind zwei Bildfolgen von Erstarrungsprozessen von Punktschweißungen mit ähnlichen Schweißdimensionen in Abbildung 6-5 dargestellt. Die Punktschweißung in Bildfolge a) erstarrt unter hoher Erstarrungsgeschwindigkeit, was durch die Abnahme von d_{molten} erkennbar ist. Die hohe Erstarrungsgeschwindigkeit ermöglicht die Bildung von globularen Körnern (1). Die Punktschweißung in Zeitfolge b) ist mit einer Pulsform geschweißt worden, die eine deutlich geringere Erstarrungsgeschwindigkeit zur Folge hat. Zudem fällt auf, dass sich die Schmelzbäder der beiden Bildfolgen in ihrer Helligkeit unterscheiden. Dies wird durch unterschiedliche Reflektion der direkten Beleuchtung verursacht und lässt darauf schließen, dass die Schmelzbäder eine unterschiedliche Oberflächengeometrie haben. Trotz der Helligkeitsunterschiede ist d_{molten} jeweils in den Bildfolgen sichtbar. Die Risse, die in den Zeitfolgen und den Mikroskopaufnahmen ersichtlich sind, werden mit (2) markiert. In den Zeitfolgen werden die Risse zu dem Zeitpunkt markiert, als diese erstmals sichtbar sind. Gegen Ende der Bildfolgen (t = 50 ms) werden die Risse besonders deutlich, da die Separation der Korngrenzen im Zuge der Abkühlung und der daraus folgenden thermischen Schrumpfung weiter zunimmt.

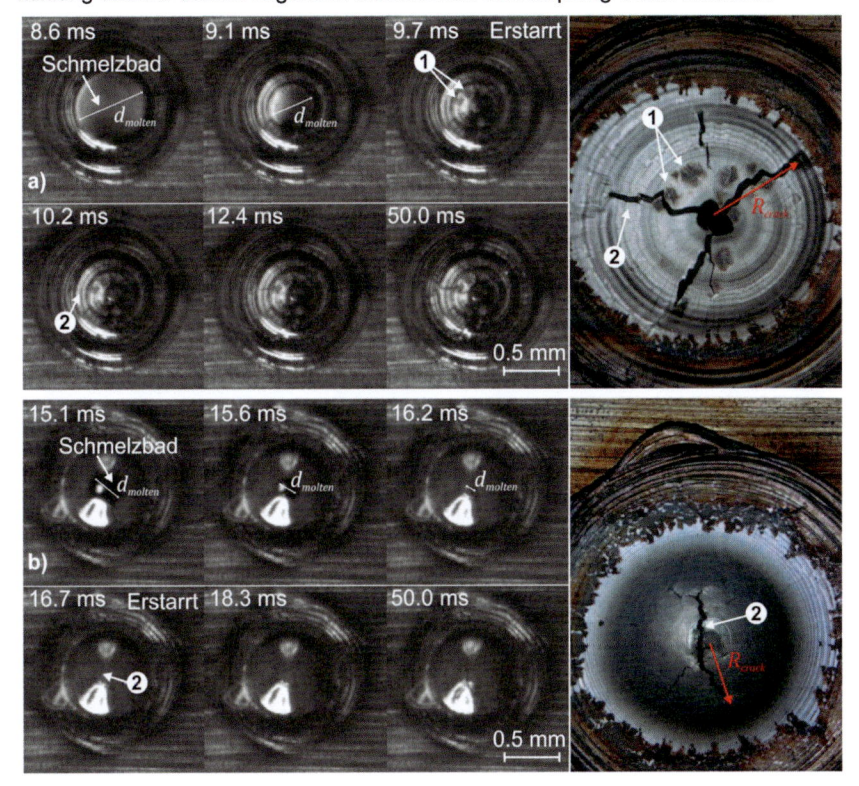

Abbildung 6-5: Zeitfolge von Erstarrungsprozessen mit 1900 fps: a) hohe Erstarrungsgeschwindigkeit und b) niedrige Erstarrungsgeschwindigkeit; 1: Globulare Körner, 2: Riss [3]

Als Ergebnis kann festgehalten werden, dass die Heißrissbildung unabhängig von der Erstarrungsgeschwindigkeit erst nach Erstarrung des Schmelzbades ($T < 650$ °C) sichtbar wird. Daraus wird gefolgert, dass die Heißrissbildung in den Punktschweißungen zu einem späten Zeitpunkt während der Erstarrung mit hohem Feststoffanteil initiiert wird.

6.1.3 Rissbildung in Nahtschweißungen

Die Ergebnisse der quantitativen Auswertung der Rissbildung beim Nahtschweißen mit überlappenden Punktschweißungen sind in Abbildung 6-6 dargestellt. Dabei ist mit einem Vorschub von $v = 40$ mm/min und einer Repetitionsrate von $f_{Rep} = 4$ Hz geschweißt worden. Die Heißrissanfälligkeit wird durch die relative Risslänge (L_{crack} / Nahtlänge) quantifiziert, die in Abhängigkeit von P_{YAG} dargestellt ist. Für Abkühldauern mit $\tau_{cool} > 3{,}5$ ms können heißrissfreie Schweißnähte bei kleinen Pulsspitzenleistungen erzeugt werden. Durch Erhöhung der Pulsspitzenleistung nimmt die relative Risslänge zu, wobei die Schweißnähte zuerst eine partielle bzw. unterbrochene Rissbildung aufweisen, bevor es bei hohen Pulsspitzenleistungen zu durchgängiger Rissbildung kommt. Beim Tiefschweißen ($P_{YAG} > 1{,}7$ kW) wird in diesen Untersuchungen für alle Abkühldauern eine durchgängige Rissbildung generiert. Durch längere Abkühldauern können die Rissbildungsregime zu höheren Pulsspitzenleistungen verschoben werden.

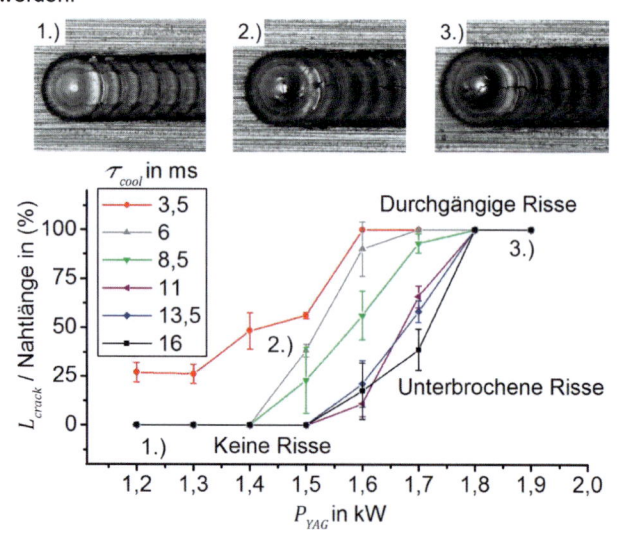

Abbildung 6-6: Prozentuale Risslänge beim Nahtschweißen mit $f_{Rep} = 4$ Hz und $v = 40$ mm/min

Weiterhin wird untersucht, wie sich der Pulsüberlapp und die Repetitionsrate auf die Heißrissanfälligkeit auswirken. Dies ist in Abbildung 6-7 gezeigt. Im linken Diagramm ist mit einem konstanten Pulsüberlapp geschweißt worden. Dazu wird die Vorschubgeschwindigkeit gemäß der im Diagramm eingetragenen Gleichung skaliert. Eine signifikante Veränderung der Heißrissanfälligkeit kann für Repetitionsraten mit

f_{Rep} ≤ 10 Hz nicht beobachtet werden. Bei f_{Rep} = 12 Hz kann eine leichte Erhöhung der relativen Risslänge festgestellt werden. Repetitionsraten oberhalb von 12 Hz können für diesen Parametersatz nicht untersucht werden, da bei f_{Rep} = 12 Hz die maximale mittlere Leistung (200 W) der Laserquelle erreicht wird. Daraus wird gefolgert, dass die Repetitionsrate im Bereich f_{Rep} ≤ 10 Hz einen untergeordneten Einfluss auf die Heißrissbildung beim gepulsten Laserstrahlschweißen von Aluminium hat.

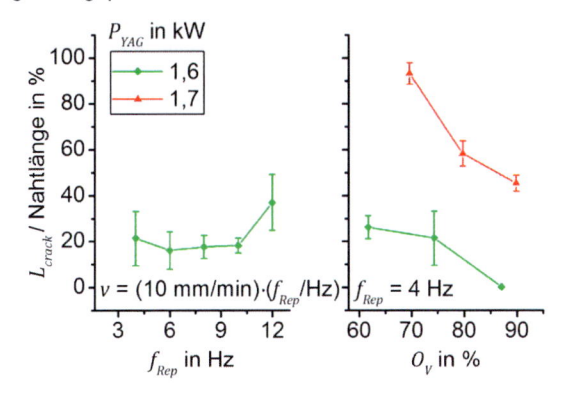

Abbildung 6-7: Prozentuale Risslänge beim Nahtschweißen mit τ_{cool} = 13,5 ms

Im rechten Diagramm ist der Einfluss des Pulsüberlapps auf die Heißrissanfälligkeit abgebildet. Der Pulsüberlapp wird durch die Veränderung der Vorschubgeschwindigkeit variiert (v = 20 – 60 mm/min) und gemäß Formel 2-19 berechnet. Mit sinkendem Pulsüberlapp kann eine Zunahme der relativen Risslänge beobachtet werden.

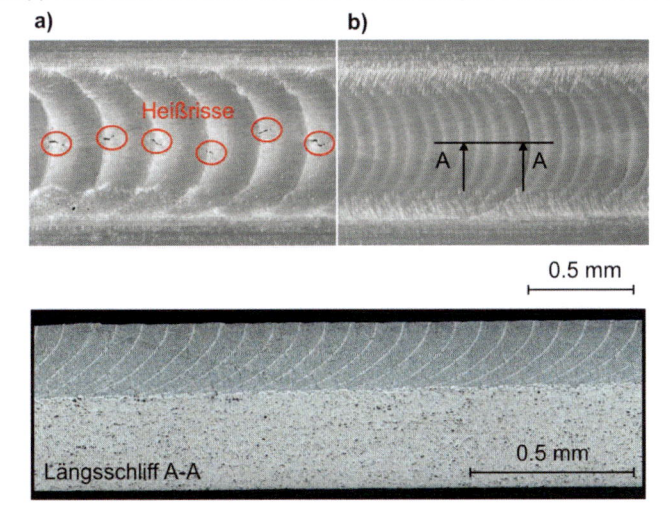

Abbildung 6-8: Nahtschweißen mit f_{Rep} = 4 Hz, P_{YAG} = 1,6 kW, τ_{cool} = 13,5 ms: a) O_V = 62 % und b) O_V = 87 [1]

Mit P_{YAG} = 1,6 kW können bei O_V = 87 % heißrissfreie Schweißnähte erzeugt werden, obwohl für diesen Laserpulsparameter Risse in individuellen Schweißpunkten vorliegen, vgl. Ergebnis in Abb. 6-2. Diese werden durch den großen Pulsüberlapp umgeschmolzen bzw. ausgeheilt. Bei geringerem Pulsüberlapp verbleiben Heißrisse im Schweißgut. Dieser Mechanismus wird in Abbildung 6-8 anhand von REM-Aufnahmen beispielhaft dargestellt. Bei geringem Pulsüberlapp, Abb. 6-8 a), sind Risse in jedem Schweißpunkt, wohingegen die Schweißnaht in Abb. 6-8 b) frei von Rissen ist. Die Rissfreiheit ist auch unterhalb der Oberfläche gegeben, was durch den Längsschliff belegt wird.

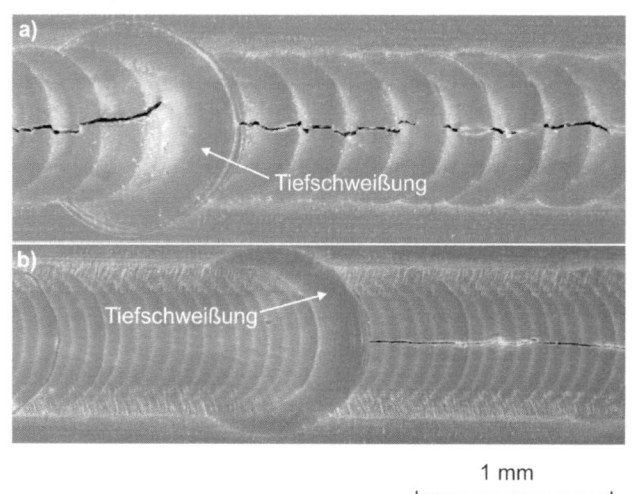

Abbildung 6-9: Nahtschweißen mit f_{Rep} = 4 Hz, P_{YAG} = 1,7 kW, τ_{cool} = 13,5 ms: a) O_V = 70 % und b) O_V = 90 %

Bei P_{YAG} = 1,7 kW kann die Heißrissbildung durch einen größeren Pulsüberlapp lediglich verringert, aber nicht vollständig unterdrückt werden, Abb. 6-9. Zudem verändert sich die Risscharakteristik in den Nahtschweißungen. Bei hohem Pulsüberlapp entsteht ein durchgängiger Riss in der Nahtmitte. Im Gegensatz dazu entstehen mehrere einzelne Risse bei Verwendung eines geringeren Pulsüberlapps. Dieser Zusammenhang wurde in einer vorhergehenden Studie quantifiziert [SHE09].

In beiden Schweißnähten ist jeweils ein größerer Schweißpunkt vorhanden. An dieser Stelle sind die Prozessinstabilitäten bei P_{YAG} = 1,7 kW ersichtlich, in welchen einzelne Laserpulse Tiefschweißungen erzeugen.

6.2 Erstarrungsparameter

In dem Modell zur Heißrissbildung in Punktschweißungen werden die Erstarrungsgeschwindigkeit, der Temperaturgradient an der Erstarrungsfront und die Abkühlrate berücksichtigt, um die einzelnen Einflussfaktoren zu bewerten. Diese werden mit Hilfe der *in-situ* Prozesstechnik aufgenommen. Die Ergebnisse werden im Folgenden dargestellt.

6.2.1 Erstarrungsgeschwindigkeit

In diesem Abschnitt wird gezeigt, wie die Erstarrungsgeschwindigkeit von den Laserparametern des RD-Laserpulses abhängt. Die Ergebnisse sind in Abbildung 6-10 zusammengefasst. Die Erstarrungsgeschwindigkeit V_{SL} wird in Abhängigkeit des Leistungsgradienten (Steigung der Abkühlflanke des RD Laserpulses) gezeigt, der logarithmisch (log10) skaliert ist.

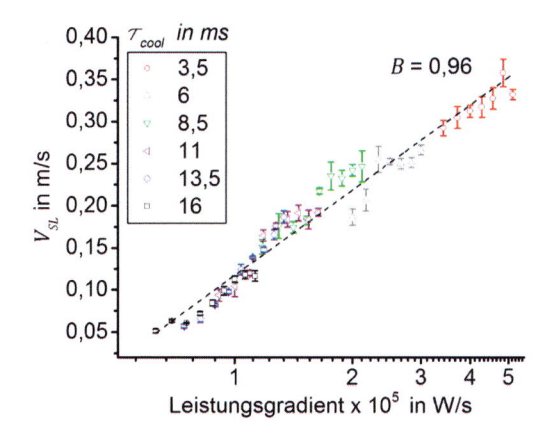

Abbildung 6-10: V_{SL} in Abhängigkeit des Leistungsgradienten [1]

Der Leistungsgradient wird für die verschiedenen Abkühldauern durch Variation der Pulsspitzenleistung verändert. Die Pulsspitzenleistung liegt in diesem Zusammenhang zwischen 1,2 kW und 1,8 kW, wodurch die Erstarrungsgeschwindigkeiten für Schweißpunkte im Wärmeleitungsschweiß- und Tiefschweißregime bestimmt werden. Zwischen dem Leistungsgradienten und der Erstarrungsgeschwindigkeit besteht ein logarithmischer Zusammenhang (B = 0,96). Als Grund für den logarithmischen Zusammenhang wird die Schmelzenthalpie erwartet, die die Erstarrungsgeschwindigkeit bei hohen Leistungsgradienten begrenzt. Dieser Effekt wurde durch die numerische Simulation des gepulsten Laserschweißprozesses in der Studie von Katayama gezeigt [KAT97].

Als Ergebnis kann festgehalten werden, dass durch die Laserpulsparameter die Erstarrungsgeschwindigkeit beeinflusst werden können, die für die untersuchten Parameter im Bereich von 0,05 – 0,35 m/s ist. Vorhergehende numerische Studien zeigen eine gute Übereinstimmung mit den hier gemessenen Erstarrungsgeschwindigkeiten [MIC94, MIC95, KAT97, SHE15].

6.2.2 Temperaturverlauf, Abkühlrate und Temperaturgradient

Abbildung 6-11 zeigt den Temperaturverlauf der Maximaltemperatur in der Schweißpunktmitte für verschiedene Laserparameter. Für P_{YAG} = 1,3 kW sind die Temperaturverläufe für die verschiedenen Abkühldauern dargestellt. Bei τ_{cool} = 16 ms werden zudem die Temperaturverläufe für P_{YAG} = 1,6 kW und P_{YAG} = 1,8 kW gezeigt. Bei Erhöhung der Pulsspitzenleistung von 1,3 kW auf 1,6 kW ergibt sich ein moderater Temperaturanstieg. Wird die Pulsspitzenleistung auf 1,8 kW erhöht, steigt die Temperatur deutlich an, wobei die Verdampfungstemperatur von Aluminium (T = 2470°C) erreicht wird. Dieser signifikante Temperaturanstieg begründet sich aus dem Übergang in das Tiefschweißregime. Nach t = 4 ms wird in der verwendeten RD-Pulsform die Laserleistung reduziert (vgl. Abb. 5-3 b)). Die Temperatur sinkt aber erst zu einem späteren Zeitpunkt, was bei der Tiefschweißung (P_{YAG} = 1,8 kW) besonders deutlich ist. Dies liegt an dem temperatur- und prozessabhängigen Absorptionsgrad von Aluminium. Zum Zeitpunkt t = 4 ms sind die Temperaturen oberhalb von T = 1000°C. Der Absorptionsgrad von Aluminium ist bei dieser Temperatur im Vergleich zur Raumtemperatur um mehr als Faktor 2 erhöht [REC12]. Dadurch können die gemessenen Temperaturen bei den Wärmeleitungsschweißpunkten nach t = 4 ms kurzzeitig weiter steigen, obwohl die Leistung in diesem Zeitbereich linear verringert wird. Beim Tiefschweißen liegt eine Dampfkapillare vor. Diese erhöht durch multiple Reflektion in der Kapillare und Absorption im Aluminiumdampf den effektiven Absorptionsgrad. Hierdurch wird die Verdampfungstemperatur von Aluminium bis zum Zeitpunkt t = 10 ms gehalten, obwohl die Leistung zu diesem Zeitpunkt schon um 38 % verringert ist. Die gestrichelten Linien sind lineare Anpassungsgraphen, deren Steigung die Abkühlrate in der Schweißpunktmitte darstellt. Diese bestimmt die Größe der dendritischen Mikrostruktur, siehe Formel 2-8.

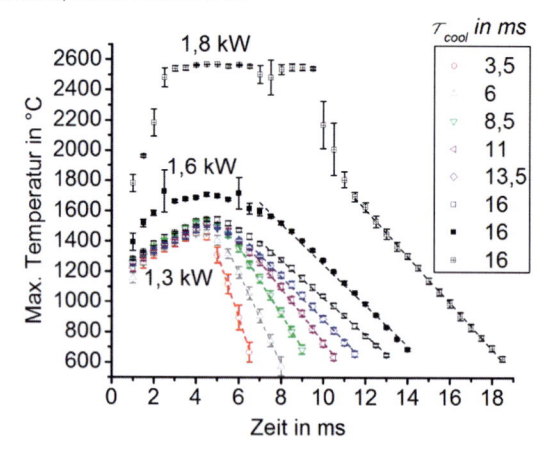

Abbildung 6-11: Zeitlicher Verlauf der maximalen Temperatur in der Schweißpunktmitte [1]

Die Abkühlrate in der Schweißpunktmitte ist in Abbildung 6-12 in Bezug auf den Leistungsgradienten dargestellt. Dieser wird durch die Variation von P_{YAG} und τ_{cool} verändert. Die lineare Anpassung wird in der Abkühlphase im Temperaturbereich zwischen 1500°C bis 650°C durchgeführt. Die ermittelten Abkühlraten liegen zwischen (1 - 5) x 10^5 K/s. Ähnliche Werte wurden in numerischen Studien vorhergesagt [OMR12, KAT97].

Im Gegensatz zu V_{SL} weist die Abkühlrate einen linearen Zusammenhang mit dem Leistungsgradienten auf. Die logarithmische Abhängigkeit zwischen V_{SL} und dem Leistungsgradienten wird im vorherigen Abschnitt durch die Schmelzenthalpie erklärt, die die Erstarrungsgeschwindigkeit bei großen Leistungsgradienten begrenzt. Die Schmelzenthalpie wird in der Berechnung der Abkühlrate nicht berücksichtigt, da nur Temperaturen oberhalb der Liquidustemperatur berücksichtigt werden.

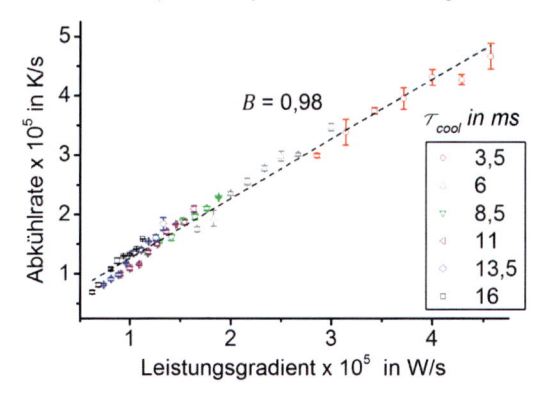

Abbildung 6-12: Abkühlrate in der Schweißpunktmitte

Weiterhin wird aus den Thermographieaufnahmen, wie in Abschnitt 5.4.3 dargestellt, der Temperaturgradient an der Erstarrungsfront G_{SL} berechnet. Der Temperaturgradient wird in Abbildung 6-13 gezeigt. G_{SL} wird in dem Diagramm in Abhängigkeit der Zeit (linkes Diagramm) und der Maximaltemperatur in der Schweißpunktmitte (rechtes Diagramm) dargestellt.

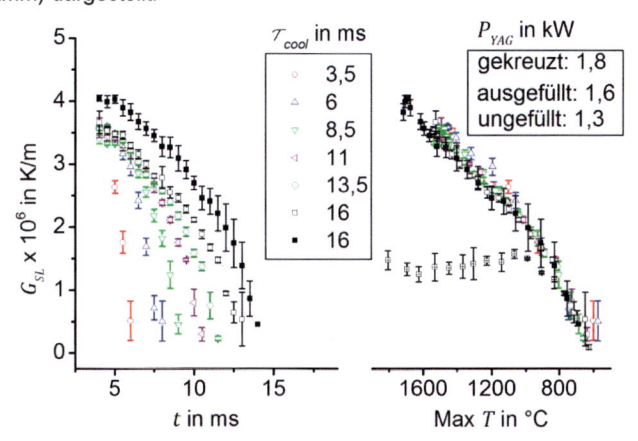

Abbildung 6-13: G_{SL} in Abhängigkeit der Zeit (links) und der Maximaltemperatur (rechts) in der Schweißpunktmitte [1]

G_{SL} hat zu Beginn der Erstarrung den höchsten Wert und nimmt während der Erstarrung ab. Die zeitliche Rate, mit der G_{SL} abnimmt, ist abhängig von der Abkühldauer. Um zu bewerten, wie sich die Laserparameter auf den Verlauf von G_{SL} auswirken, muss G_{SL} während der gleichen Phase der Erstarrung verglichen werden. Als Referenz wird die Maximaltemperatur in der Schweißpunktmitte verwendet. Das Ergebnis wird im rechten Diagramm gezeigt. Der Verlauf von G_{SL} ist für alle Abkühldauern und den Pulsspitzenleistungen im Wärmeleitungsschweißregime ($P_{YAG} \leq 1,6$ kW) identisch. Beim Tiefschweißen ($P_{YAG} = 1,8$ kW) ist G_{SL} zu Beginn der Erstarrung geringer, da beim Durchschweißen der Bleche die Wärmeleitung zu Erstarrungsbeginn hauptsächlich in radialer Richtung bzw. in der Blechebene verlaufen kann. Hieraus resultieren eine breitere Wärmeeinflusszone und der reduzierte Temperaturgradient. Gegen Ende der Erstarrung, für Temperaturen unterhalb von 1000°C, sind die Werte von G_{SL} für die Tiefschweißung und für die Wärmeleitungsschweißungen nahezu identisch. Der Verlauf von G_{SL} mit $P_{YAG} = 1,8$ kW wird aus Gründen der Übersichtlichkeit nicht im linken Diagramm gezeigt.

Aus den Untersuchungen kann geschlossen werden, dass die Parameter der verwendeten RD-Pulsform den Temperaturgradienten gegen Ende der Erstarrung nicht beeinflussen können. Lediglich die zeitliche Rate, mit der G_{SL} abnimmt, ist abhängig von der Abkühldauer. Die gemessenen Temperaturgradienten weisen eine gute Übereinstimmung mit vorhergehenden numerischen Studien auf [MIC94, MIC95, KAT97].

6.3 Mikrostruktur

Die in den vorherigen Abschnitten ermittelten Erstarrungsparameter bestimmen maßgeblich Morphologie und Größe der Schweißnahtmikrostruktur. Abbildung 6-14 zeigt Schliffe von Punktschweißungen. Die Schliffe sind von der Schweißnahtoberseite angefertigt worden und einem Korngrenzschliff unterzogen worden. Durch Beleuchtung mit polarisiertem Licht entsteht die Farbgebung, die die Kornorientierung wiedergibt. Die Schweißpunkte sind bei gleicher Pulsspitzenleistung $P_{YAG} = 1,8$ kW und den Abkühldauern Abb. 6-14 a) $\tau_{cool} = 3,5$ ms und Abb. 6-14 b) $\tau_{cool} = 13,5$ ms erzeugt worden. In beiden Abbildungen kann die Erstarrungsrichtung in radiale Richtung anhand der Kornorientierung nachvollzogen werden. In der Schweißpunktmitte der Punktschweißung in Abb. 6-14 a) geht die gerichtete Kornstruktur in eine globulare Kornstruktur über, wohingegen die Punktschweißung aus Abb. 6-14 b) während der Erstarrung hauptsächlich gerichtete Körner ausgebildet hat. Die Bildung von globularen Körnern wird durch einen kleinen Quotienten aus G_{SL}/V_{SL} begünstigt. G_{SL} nimmt im Erstarrungsverlauf ab, vgl. Abb. 6-13, wodurch die Bildung von globularen Körnern zum Erstarrungsende in der Schweißpunktmitte wahrscheinlicher wird. Die geringere Abkühldauer führt zu einer höheren Erstarrungsgeschwindigkeit, welches den Quotienten aus G_{SL}/V_{SL} soweit reduziert, dass globulare Körner entstehen können, Abb. 6-14 a). Die Erstarrungsgeschwindigkeit der Punktschweißung in Abb. 6-14 b) ist zu gering, sodass ein gerichtetes Kornwachstum bis zum Ende der Erstarrung besteht.

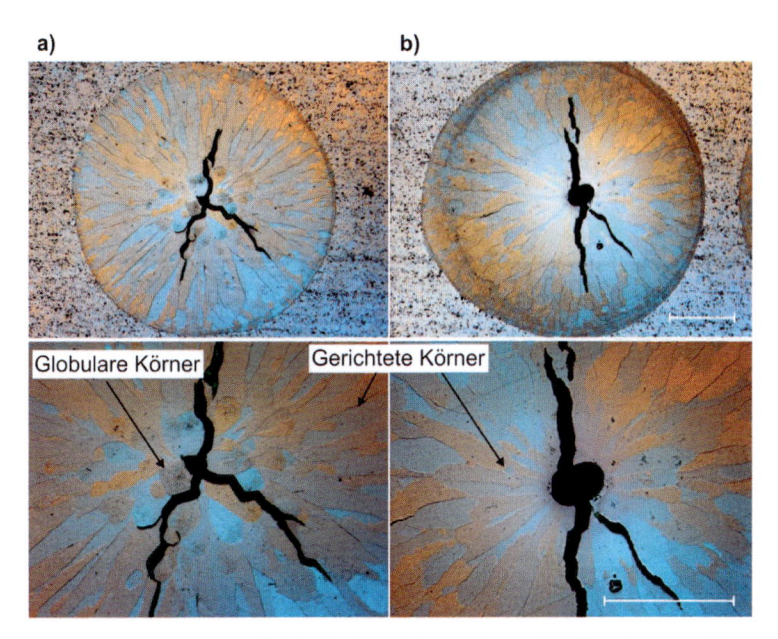

Abbildung 6-14: Korngrenzschliffbild, Skala = 250 µm, P_{YAG} = 1,8 kW: a) τ_{cool} = 3,5 ms und b) τ_{cool} = 13,5 ms [3].

Die Größe der dendritischen Mikrostruktur, die sich in Abhängigkeit der Abkühldauer ausbildet, wird in Abbildung 6-15 gezeigt. Die Abbildung zeigt jeweils die Aufsicht auf einen Schliff, der am Übergang von Grundmaterial zur Punktschweißung aufgenommen wird. Die kurze Abkühldauer von τ_{cool} = 3,5 ms und die daraus resultierende hohe Abkühlrate führt zu einer sehr feinen dendritischen Mikrostruktur. Diese lässt sich mit dem lichtoptischen Mikroskop kaum noch darstellen, Abb. 6-15 a). Durch eine längere Abkühldauer und somit geringere Abkühlrate entsteht, wie in Abb. 6-15 b) dargestellt, eine gröbere dendritische Mikrostruktur.

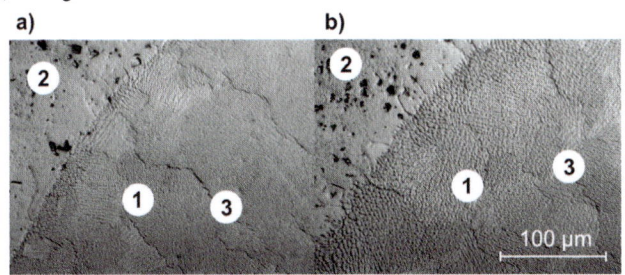

Abbildung 6-15: Darstellung der Mikrostruktur im Korngrenzschliff; 1: Schweißgut; 2: Grundmaterial; 3: Korngrenze; P_{YAG} = 1,8 kW: a) τ_{cool} = 3,5 ms und b) τ_{cool} = 13,5 ms

Die im untersuchten Parameterraum gemessenen Abkühlraten sind im Bereich von $(1,0 - 5,0) \times 10^5$ K/s, Abb. 6-12. Für diese Abkühlraten wird der sekundäre Dendritarmabstand λ_2 gemäß Formel 2-8 berechnet, wie es in Abb. 6-16 a) gezeigt wird. Für die Abkühlraten liegt der berechnete Wert für λ_2 unterhalb von 0,5 µm. Dies erklärt, warum sich die dendritische Mikrostruktur in den Schliffbildern kaum abzeichnet. In Abb. 6-16 b) wird ein Ausschnitt eines globularen Kornes gezeigt, das sich in der Schweißpunktmitte ausgebildet hat und mit dem Rasterelektronenmikroskop aufgenommen worden ist. Die Erstarrungsrichtung verläuft von links unten nach rechts oben. Innerhalb dieser Aufnahme können die sehr feinen sekundären Dendritarme nachvollzogen werden.

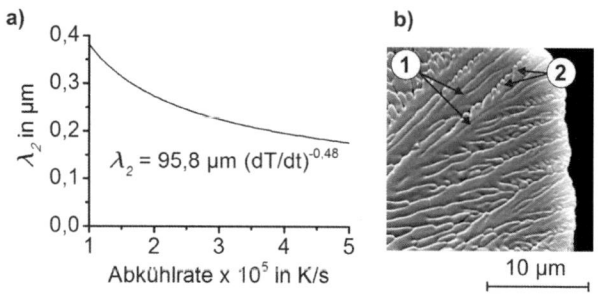

$$\lambda_2 = 95{,}8 \ \mu m \ (dT/dt)^{-0.48}$$

Abbildung 6-16: a) Berechneter sekundärer Dendritarmabstand und b) REM-Aufnahme der dendritischen Mikrostruktur innerhalb eines globularen Kornes; 1: Primärer Dendritarm; 2: Sekundärer Dendritarm

6.4 Zusammenfassung und Fazit

Aus der experimentellen Auswertung zum gepulsten Laserstrahlschweißen von Aluminium können folgende Schlüsse gezogen werden:

- Die Risslänge entlang einer Nahtschweißung und der Rissradius in einer Punktschweißung vergrößern sich, wenn kurze Abkühldauern oder große Pulsspitzenleistungen verwendet werden. In diesem Parameterbereich sind beide Risskriterien geeignet, um die Heißrissanfälligkeit zu bewerten. Die vollständige Bewertung der Heißrissbildung erfordert die Betrachtung der Punktschweißungen, da hier keine Bereiche wieder umgeschmolzen werden.

- Beim Nahtschweißen mit überlappenden Schweißpunkten muss der Pulsüberlapp berücksichtigt werden. Heißrisse in individuellen Punktschweißungen können beim Nahtschweißen in Abhängigkeit vom Pulsüberlapp ausgeheilt werden. Damit kann eine Schweißnaht heißrissfrei sein, obwohl Heißrisse in den einzelnen Punktschweißungen vorliegen. Der Zusammenhang wird im weiteren Verlauf dieser Arbeit durch Prozessaufnahmen zwischen einzelnen überlappenden Punktschweißungen untersucht und bewertet.

- Eine hohe Heißrissanfälligkeit ist gegeben, wenn kurze Abkühldauern verwendet werden. Dies ist in einigen vorhergehenden Studien bereits gezeigt worden [MIC95, ZHA08, DWO13].

- Ein Anstieg der Heißrissanfälligkeit resultiert auch aus der Erhöhung der Pulsspitzenleistung bzw. des Schweißvolumens. Dieser Anstieg ist besonders deutlich beim Übergang ins Tiefschweißregime, in dem die Heißrissanfälligkeit unabhängig von der Abkühldauer der RD-Pulsform ist. Dies wurde in der Studie von Zhang bereits erwähnt [ZHA08]. Die Hintergründe sind aber noch nicht geklärt worden. Aus diesem Grund werden die Ursachen in dieser Arbeit erforscht.

- Heißrisse entstehen in Punktschweißungen bei kleinen Pulsspitzenleistungen und langen Abkühldauern. In diesem Parameterraum liegen geringe Abkühlraten und geringe Erstarrungsgeschwindigkeiten vor. In der Studie von Zhang wurde gezeigt, dass Heißrisse aufgrund der Segregation von Legierungselementen bei $\tau_{cool} \geq 26$ ms auftreten [ZHA08]. Da diese Abkühldauern außerhalb des Parameterraumes der vorliegenden Arbeit liegen, wird geprüft, ob die Seigerung von Wasserstoff ein heißrissverursachender Mechanismus ist.

- Die Rissbildung in Punktschweißungen wird unabhängig von den Laserpulsparametern zu einem späten Zeitpunkt innerhalb der Schweißpunkterstarrung ersichtlich. Dabei ist das Schmelzbad erstarrt und die Prozesstemperaturen sind unterhalb der Liquidustemperatur. Aus diesem Grund wird erwartet, dass die Rissbildung beim gepulsten Laserstrahlschweißen von Aluminium bei einem hohen Feststoffanteil eintritt.

- Die experimentell ermittelten Werte der Erstarrungsgeschwindigkeit, des Temperaturgradienten und der Abkühlrate zeigen eine gute Übereinstimmung mit numerisch berechneten Werten aus vorherigen Studien. Die Abkühlrate und die Erstarrungsgeschwindigkeit können durch die Abkühldauer der RD-Pulsform beeinflusst werden. Der Temperaturgradient nimmt gegen Ende der Erstarrung unabhängig von der Abkühldauer auf einem nahezu identischen Verlauf ab.

- Das Gefüge von Punktschweißungen weist eine überwiegend gerichtete dendritische Struktur auf, die bei hohen Erstarrungsgeschwindigkeiten gegen Ende der Erstarrung in eine globulare dendritische Struktur übergeht.

7 Modellanwendung

In diesem Kapitel werden die Modellierungsansätze aus Kapitel 4 anhand von experimentellen Messwerten bewertet. In Bezug auf die Rissbildung in Punktschweißungen werden die thermomechanischen (Dehnungsrate und Dehnung) und die metallurgischen (Permeabilität und Seigerung) Einflussfaktoren quantifiziert und mit den Risslängen aus dem vorherigen Kapitel abgeglichen. Dies ermöglicht die Korrelation der gemessenen Risslängen bzw. der gefundenen Rissbildungsregime mit den Modellierungsansätzen zur Heißrissbildung in Punktschweißungen. Für die Rissbildung entlang von Schweißnähten werden die mit der VIS-Kamera gemessenen Risslängen genutzt, um die Bedingungen für die definierten Risscharakteristika in Wärmeleitungs- und Tiefschweißnähten zu ermitteln.

7.1 Heißrissbildung in Punktschweißungen

7.1.1 Dehnungsrate

Die Dehnungsrate kann gemäß Formel 2-10 angenähert werden. Dazu muss die Abkühlrate an der Erstarrungsfront bestimmt werden, die durch das Produkt $G_{SL}V_{SL}$ (Temperaturgradient multipliziert mit Erstarrungsgeschwindigkeit) berechnet wird. G_{SL} reduziert sich in Bezug auf die Spitzentemperatur auf einen festgegebenen Verlauf, wohingegen V_{SL} durch die Laserparameter beeinflusst werden kann. Die Dehnungsrate wird somit in Bezug auf V_{SL} dargestellt. Als Schrumpffaktor kann $\beta_T = 30 \times 10^{-6}$ K^{-1} angenommen werden, was dem linearen thermischen Ausdehnungskoeffizienten von Aluminium bei Temperaturen im Bereich der Solidustemperatur entspricht [DRE07]. Diese Annahme beruht auf der Beobachtung, dass die Heißrissbildung in Punktschweißungen bei einem sehr hohen Feststoffanteil entsteht (siehe Abb. 6-5). Für den Temperaturgradienten wird $G_{SL} = 0,5 \times 10^6$ K/m angenommen, was dem Temperaturgradienten gegen Ende der Erstarrung entspricht. In Abbildung 7-1 ist die Dehnungsrate aufbauend auf den erläuterten Annahmen in Abhängigkeit der Erstarrungsgeschwindigkeit dargestellt.

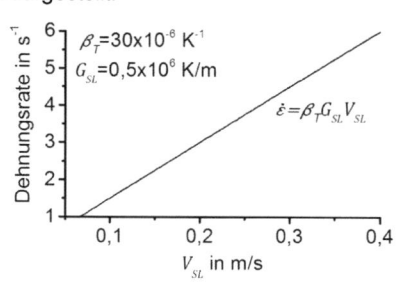

Abbildung 7-1: Berechnete Dehnungsrate in Abhängigkeit von V_{SL}

In Abschnitt 2.2.2 und 2.2.3 wird erläutert, dass höhere Dehnungsraten die Heißanfälligkeit erhöhen. Dies stimmt mit den Ergebnissen zur Heißrissbildung im Wärmeleitungsschweißregime überein, wenn kurze Abkühldauern verwendet werden. Laserpulse mit kürzeren Abkühldauern führen zu höheren Erstarrungsgeschwindigkeiten, höheren Abkühlraten und somit zu größeren Dehnungsraten, was sich in den größeren Risslängen widerspiegelt, Abb. 6-2 und Abb. 6-6.

Höhere Dehnungsraten würden im TIS-Konzept, Abb. 2-4, die Verformbarkeitskurve bei einer höheren Temperatur schneiden, was bedeutet, dass die Heißrissbildung bei einem geringeren Feststoffanteil eintritt. Das Gleiche wird von Heißrisssensitivitätskoeffizienten vorhergesagt, welche auf dem RDG-Modell basieren [RAP99, SIS12]. In Abbildung 7-2 sind Rissflächen dargestellt, die bei verschiedenen Dehnungsraten entstanden sind.

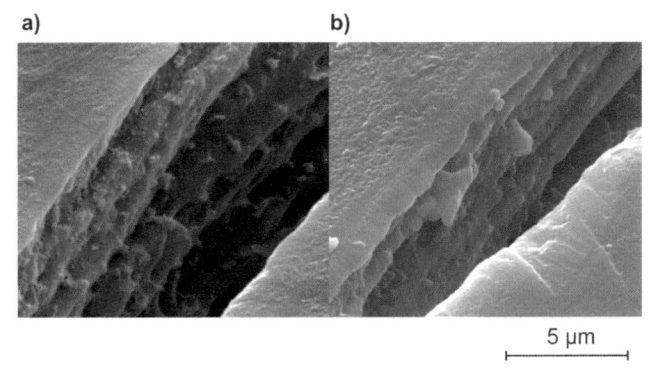

Abbildung 7-2: Rissflächen an Schweißungen mit P_{YAG} = 1,6 kW a) τ_{cool} = 13,5 ms und b) τ_{cool} = 3,5 ms [1]

In Abb. 7-2 a) ist die Rissbildung durch eine geringere Dehnungsrate erzeugt worden als in Abb. 7-2 b), da mit einer längeren Abkühldauer geschweißt worden ist. Die Rissfläche in Abb. 7-2 b), die von der höheren Dehnungsrate erzeugt worden ist, weist Schmelztropfen auf. Diese haben sich gebildet, als die interkristalline Trennung die Restschmelze auseinander gezogen hat und die Schmelze danach frei erstarrt ist [FAR01]. Freierstarrte Schmelztropfen sind in Abb. 7-2 a) nicht ersichtlich. Stattdessen sind hervorstehende periodische Strukturen auf der Rissfläche vorhanden. Dies könnten interkristalline Verknüpfungen gewesen sein, die den thermomechanischen Einflüssen nicht standgehalten haben. Qualitativ kann festgestellt werden, dass der Heißriss in Abb. 7-2 a) zu einem späteren Erstarrungszeitpunkt entstanden sein muss. Dies deckt sich mit den Theorien zur Heißrissbildung gemäß TIS-Konzept [PRO68] und RDG-Modell [RAP99, SIS12].

Im Tiefschweißregime ist der Rissradius in den Punktschweißungen nahezu identisch für alle Abkühldauern, obwohl unterschiedliche Dehnungsraten gewirkt haben. Aus diesem Grund muss ein anderer Effekt in diesem Schweißregime die Rissbildung dominieren.

7.1.2 Dehnung

Um die in den Punktschweißungen auftretende Dehnung zu quantifizieren, wird die flächige Dehnung gemäß der Gleichung 4-1 berechnet. Mit Hilfe der HS-Kamera werden in diesem Zusammenhang die Dimensionen der Punktschweißung zu Beginn und nach Vollendung der Erstarrung aufgenommen. Die Ergebnisse werden in Abbildung 7-3 dargestellt. Aufgrund der kleinen Schweißpunktdimensionen für P_{YAG} < 1,5 kW können für diese Parameter keine Dehnungsberechnungen durchgeführt werden. Aus den Ergebnissen geht hervor, dass mit Übergang in das Tiefschweißregime P_{YAG} > 1,7 kW ein deutlicher Anstieg der flächigen Dehnung einhergeht.

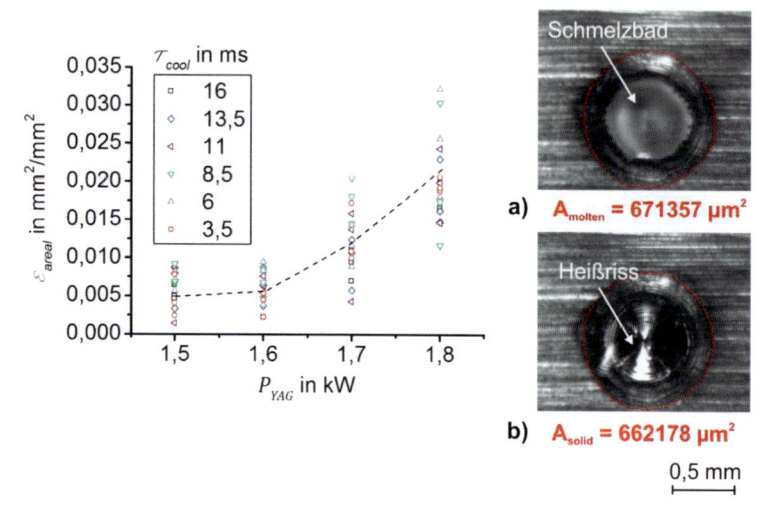

Abbildung 7-3: Links: Flächige Dehnung in Abhängigkeit von P_{YAG}. Rechts: Aufnahmen von Punktschweißungen a) bei einsetzender Erstarrung und b) nach der Erstarrung [1]

Zudem besteht kein Zusammenhang zwischen der Abkühldauer und der flächigen Dehnung. Die Dehnung ist somit lediglich von der Pulsspitzenleistung bzw. der entstehenden Schweißpunktgröße abhängig.

Daher wird angenommen, dass die Dehnung der Haupteinflussfaktor auf die Heißrissbildung im Tiefschweißregime ist, da die Rissbildung in diesem Prozessbereich unabhängig von der Abkühldauer bzw. Dehnungsrate ist. Der signifikante Anstieg der Dehnung beim Übergang ins Tiefschweißregime und die Unabhängigkeit von der Abkühldauer können als Gründe angeführt werden. Zudem haben die Heißrisstestversuche aus Abb. 2-6 c) gezeigt, dass Heißrissbildung oberhalb eines bestimmten Dehnungsniveaus unabhängig von der Dehnungsrate auftritt [NAK95].

7.1.3 Permeabilität

Aus der Morphologie und der Größe der dendritischen Mikrostruktur kann die Permeabilität des Gefüges abgeleitet werden. Die gemäß der Formel 2-12 berechnete Permeabilität K ist in Abbildung 7-4 in Bezug auf den Feststoffanteil dargestellt. Dabei werden drei Konstellationen für die Mikrostruktur berücksichtigt, die in den experimentellen Untersuchungen als Grenzfälle aufgefunden worden sind. Die beiden schwarzen Graphen zeigen die Permeabilität für gerichtetes Kornwachstum ($A_t = 0$)

mit $\lambda_2 = 0{,}2$ µm und $\lambda_2 = 0{,}4$ µm. Dies entspricht den ermittelten Grenzen des sekundären Dendritarmabstandes aus Abb. 6-16 a). Zudem ist die Permeabilität für ein Mischgefüge ($A_t = 0{,}1$) aus gerichteten und globularen Körnern berechnet worden. Das Verhältnis von 90% gerichtetem und 10 % globularem Körnern in Kombination mit einer Korngröße $K_g = 50$ µm wird aus Abbildung 6-14 a) abgeleitet. Das Verhältnis A_t wird aus den Flächenanteilen an globularen und gerichteten Körnern berechnet. Für die Korngröße wird der mittlere Durchmesser der Körner bestimmt. Die Größe von $\lambda_2 = 0{,}2$ µm entspricht dem Ergebnis, das in diesem Fall bei der Abkühlrate $\tau_{cool} = 3{,}5$ ms erzielt wird.

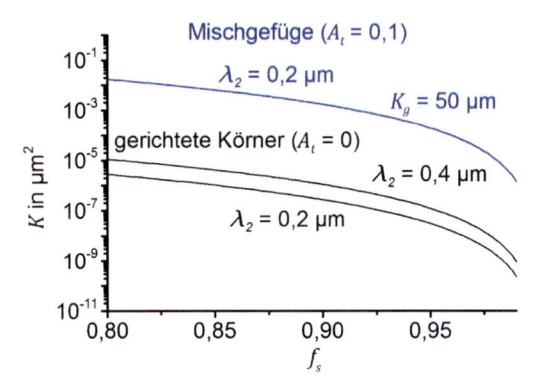

Abbildung 7-4: Berechnete Permeabilität

Durch Erhöhung des sekundären Dendritarmabstandes erhöht sich die Permeabilität im gerichteten Gefüge. Dies kann neben der verringerten Dehnungsrate als Grund für die reduzierte Heißrissanfälligkeit für Schweißpunkte im Wärmeleitungsschweißregime angesehen werden, wenn die RD-Pulsform eine längere Abkühldauer aufweist. Kurze Abkühldauern führen zu hohen Erstarrungsgeschwindigkeiten und der Entstehung von globularen Körnern. Diese erhöhen gemäß der blauen Kurve in Abbildung 7-4 die Permeabilität. Eine verringerte Risslänge kann bei kurzen Abkühldauern jedoch nicht festgestellt werden. Somit überwiegt in diesem Prozessregime der Einfluss der Dehnungsrate, sodass die verbesserte Permeabilität des Mischgefüges keine Heißrissreduktion ermöglicht.

Bei Schweißpunkten mit großem Schweißvolumen (z. B. Tiefschweißregime) überwiegt der Einfluss der Dehnung. Sowohl für das gerichtete als auch für das globulare Kornwachstum kann im Tiefschweißregime keine reduzierte Heißrissanfälligkeit über eine verbesserte Permeabilität erreicht werden.

7.1.4 Seigerungen von Wasserstoff

Auf Basis der thermomechanischen Einflussfaktoren und der Permeabilität kann die Heißrissbildung bei kleinen Pulsspitzenleistungen und langen Abkühldauern nicht erklärt werden. An dieser Stelle müssen andere Effekte dominieren, die die Heißrissbildung verursachen. Bei langen Abkühldauern ($\tau_{cool} \geq 26$ ms) wurde in der Studie von Zhang et al. gezeigt, dass die Heißrissbildung aufgrund von erhöhter Segregation von Legierungselementen zunimmt. Dies wurde anhand von EDX-Messungen an den Rissflächen von Nahtschweißungen überprüft [ZHA08]. In der vorliegenden Arbeit kann in dem Parameterbereich ($\tau_{cool} \leq 16$ ms) keine erhöhte Konzentration von Legierungselementen an den Rissflächen gefunden werden. Coniglio et al. haben in einer Studie darauf hingewiesen, dass gelöster Wasserstoff eine wichtige Rolle bei der Heißrissbildung in Aluminiumschweißverbindungen zukommt [CON09]. Aus diesem Grund wird die Seigerung von Wasserstoff als möglicher Heißrissinitiierungsmechanismus untersucht.

Bei geringen Leistungsgradienten tritt Heißrissbildung hauptsächlich für Erstarrungsgeschwindigkeiten unterhalb von 0,1 m/s auf (siehe Tabelle 0-1). Für diese Erstarrungsgeschwindigkeiten ist bei mikroskopischen Untersuchungen aufgefallen, dass in der Schweißpunktmitte, wo die Punktschweißung final erstarrt, eine poröse Oberfläche entsteht. Abbildung 7-5 zeigt exemplarisch anhand von REM Bildern, wie sich die Schweißpunkte im Mittelpunkt an der Oberfläche in Abhängigkeit der Erstarrungsgeschwindigkeit unterscheiden. Die Aufnahmen a) bis einschließlich d) weisen, abgesehen von Rissbildung, eine glatte Oberfläche in der Schweißpunktmitte auf. Im Gegensatz dazu kann in den Abbildungen e) und f) eine poröse Schweißpunktmitte festgestellt werden. In dem Schweißpunkt der Aufnahme f) sind zudem Risse ersichtlich.

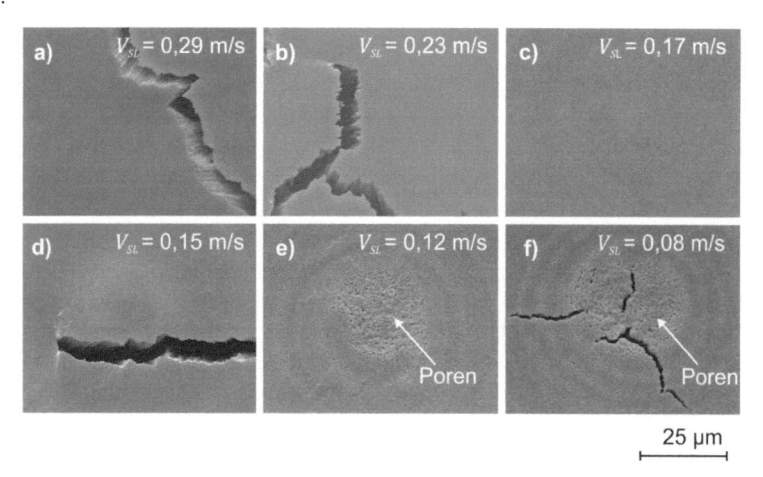

Abbildung 7-5: REM-Aufnahmen von Schweißpunktmitten: a) P_{YAG} = 1,2 kW, τ_{cool} = 3,5 ms, b) P_{YAG} = 1,6 kW, τ_{cool} = 8,5 ms c) P_{YAG} = 1,2 kW, τ_{cool} = 8,5 ms, d) P_{YAG} = 1,6 kW mit τ_{cool} = 13,5 ms, e) P_{YAG} = 1,4 kW mit τ_{cool} = 13,5 ms und f) P_{YAG} = 1,2 kW mit τ_{cool} = 13,5 ms. [1]

Korrespondierende Querschliffe der Schweißpunkte 7-5 a) und f) sind in Abbildung 7-6 dargestellt. Hierbei wird ersichtlich, dass die Rissbildung in dem porösen Schweißpunkt (Abb. 7-5 f) lediglich sehr oberflächennah ausgeprägt ist. Zudem können in dem Querschliff 7-5 f) im Gegensatz zu Querschliff 7-5 a) vereinzelte Mikroporen aufgefunden werden. In Bezug auf die porösen Schweißpunktmitten wird davon ausgegangen, dass gelöster Wasserstoff die Ursache ist, dessen Konzentration in der Restschmelze die maximale Löslichkeit überschritten hat. Die maximale Löslichkeit von Wasserstoff in geschmolzenem Aluminium mit Temperaturen nahe der Liquidustemperatur beträgt 0,88 ml/100 g [DAV93].

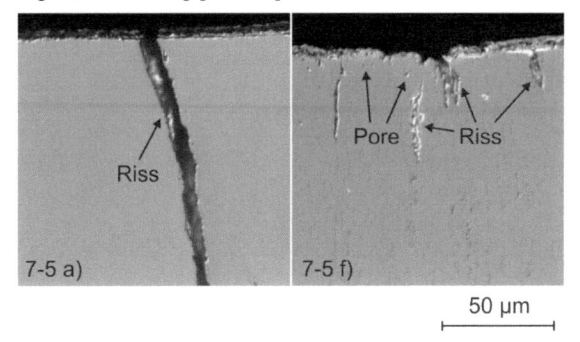

Abbildung 7-6: Querschliffe von Punktschweißungen aus Abb. 7-5

Da die äußeren Schweißbedingungen für alle Untersuchungen identisch gewesen sind, muss zu Beginn der Erstarrung immer die gleiche Wasserstoffanfangskonzentration im Schmelzbad vorliegen. Damit muss die Wasserstoffanreicherung der Restschmelze aus unterschiedlichen Entmischungsvorgängen von Wasserstoff an der Phasengrenze resultieren. Die Entmischung bzw. Seigerung von Wasserstoff kann mit Hilfe der Scheil-Gleichung unter Berücksichtigung des effektiven Verteilungskoeffizienten berechnet werden (siehe Tabelle 4-1). Für die Bestimmung des effektiven Verteilungskoeffizienten wird die Diffusionskonstante von Wasserstoff in geschmolzenem Aluminium D_l und die Breite der Diffusionsschicht δ benötigt. Für die Diffusionskonstante von Wasserstoff in geschmolzenem Aluminium gilt bei Temperaturen im Bereich des Schmelzpunktes $D_l \approx 10^{-7}$ m^2/s [FEL11]. Die Breite der Diffusionsschicht kann gemäß der Formel 2-5 berechnet werden, welche für hohe Erstarrungsgeschwindigkeiten gilt [WIL78].

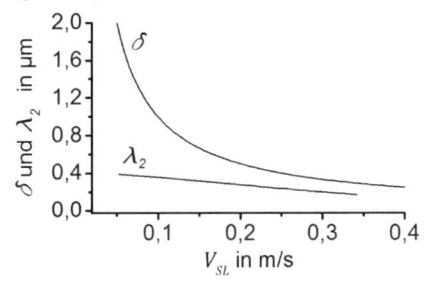

Abbildung 7-7: Diffusionsschichtbreite und sekundärer Dendritarmabstand in Abhängigkeit der Erstarrungsgeschwindigkeit

Diese Berechnung wird in Abbildung 7-7 in Abhängigkeit der Erstarrungsgeschwindigkeit gezeigt. In diesem Diagramm ist zudem der sekundäre Dendritarmabstand eingetragen, der gemäß den Modellannahmen (siehe Tabelle 4-1) die geometrische

Begrenzung für die Diffusionsschicht darstellt ($\delta \leq \lambda_2$). Der Zusammenhang zwischen dem sekundären Dendritarmabstand und der Erstarrungsgeschwindigkeit wird aus den Abbildungen 6-10, 6-12 und 6-16 gewonnen. Der sekundäre Dendritarmabstand ist kleiner als die Breite der Diffusionsschicht. Somit begrenzt gemäß den Modellannahmen die geometrische Nebenbedingung die Breite der Diffusionsschicht. Die Differenz zwischen δ und λ_2 nimmt für höhere Erstarrungsgeschwindigkeiten ab. Gemäß Wilson gilt die Formel 2-5 für hohe Erstarrungsgeschwindigkeiten [WIL78]. Jedoch wird keine Definition für hohe Erstarrungsgeschwindigkeit gegeben. In Bezug auf die getroffenen Annahmen und die Berechnung in Abbildung 7-7 kann mit der Formel 2-5 eine realistische Annäherung oberhalb von Erstarrungsgeschwindigkeiten von 0,2 m/s gemacht werden. Für die Vereinfachung der weiteren Berechnung wird eine konstante Breite der Diffusionsschicht angenommen, sodass $\delta = \lambda_{2,max} = 400$ nm entspricht. In Abbildung 7-8 ist der effektive Verteilungskoeffizient gemäß Formel 2-4 in Abhängigkeit der Erstarrungsgeschwindigkeit dargestellt.

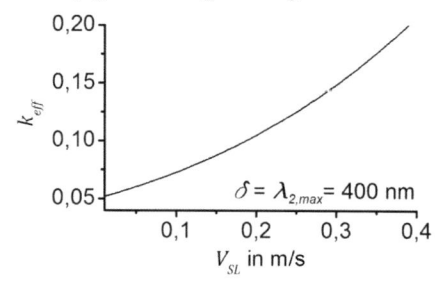

Abbildung 7-8: Effektiver Verteilungskoeffizient

Mit Hilfe des Zusammenhangs für den effektiven Verteilungskoeffizienten kann die Entmischung bzw. Seigerung von Wasserstoff gemäß Formel 2-2 berechnet werden. Dies ist in Abbildung 7-9 für drei verschiedene Erstarrungsgeschwindigkeiten dargestellt. Dabei wird eine fiktive Wasserstoffanfangskonzentration von $C_{H0} = 0,025$ ml/100 g angenommen. Bei diesem Wert würde für die Erstarrungsgeschwindigkeit von 0,05 m/s das Löslichkeitsmaximum von 0,88 ml/100 g überschritten werden. Dies tritt bei einem sehr hohen Feststoffanteil ein, was bedeutet, dass die Wasserstoffporen gegen Ende der Erstarrung oberflächennah in der Schweißpunktmitte auftreten. Diese Charakteristik wird in Schweißungen, die bei geringen Erstarrungsgeschwindigkeiten erstarren, festgestellt. Somit wird die Wasserstoffanreicherung sowohl metallurgisch bzw. experimentell als auch durch eine theoretische Berechnung nachgewiesen. Der im Modell von Coniglio formulierte Wasserstoffpartialdruck, der neben der Dehnungsrate die innerdendritische Kavitätenbildung verursacht [CON09], weist eine quadratische Abhängigkeit von der Wasserstoffkonzentration in der Schmelze auf, Formel 2-14. Bei geringen Erstarrungsgeschwindigkeiten nimmt die Heißrissanfälligkeit somit im Erstarrungsverlauf aufgrund von erhöhter Wasserstoffkonzentration in der Schmelze zu.

Im Vergleich zu den anderen Heißrissbildungsregimen entstehen geringere Rissradien. Zudem ist die Rissbildung sehr oberflächennah ausgeprägt, da die hohe Wasserstoffkonzentration erst gegen Ende der Erstarrung erreicht wird. Beim Nahtschweißen werden diese Heißrisse in der Regel umgeschmolzen, sodass diese Heißrisse lediglich bei Punktschweißungen sichtbar werden.

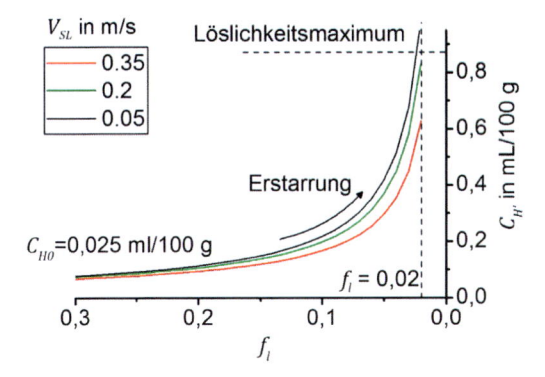

Abbildung 7-9: Berechnete Seigerung von Wasserstoff

7.2 Heißrissbildung entlang von Schweißnähten

In Kapitel 6 werden sowohl der Rissradius in Punktschweißungen als auch die Risslänge in Nahtschweißungen mit überlappenden Schweißpunkten in Abhängigkeit verschiedener Prozessparameter quantifiziert. Hierbei ist festgestellt worden, dass Nahtschweißungen rissfrei sein können, obwohl individuelle Schweißpunkte rissbehaftetet sind. Zudem wird gezeigt, dass ein höherer Pulsüberlapp die Risslänge in Nahtschweißungen tendenziell verringert. In diesem Kapitel wird der Zusammenhang zwischen der Risscharakteristik von individuellen Punktschweißungen und der Rissbildung entlang der Schweißnaht anhand des Modells aus Kapitel 4.2 untersucht. Die Modellparameter sind der Rissradius R^*_{crack} und der Risswinkel α_{crack}. Diese beziehen sich auf den längsten Riss in der Schweißpunkthälfte, die der Vorschubrichtung entgegengesetzt ist.

Die Risscharakteristik in Punktschweißungen ist mittels der in Abschnitt 5.4 beschriebenen Prozessdiagnostik *in-situ* erfasst worden. Die Laserpulsparameter sind in den Versuchen so variiert worden, dass Schweißnähte im Wärmeleitungs- und Tiefschweißregime entstehen. Die verwendeten Pulsspitzenleistungen sind 1,5 kW (Wärmeleitungsschweißnähte) und 1,8 kW (Tiefschweißungen). Verschiedene Pulsformen sind eingesetzt worden. Diese sind die RD-Pulsform mit drei unterschiedlichen Abkühldauern, zwei Tailing-Wave-Pulsformen und eine metallurgische Pulsform (vgl. Abb. 2-8 und Abb. 2-9). Auf die genauen Parameter der verschiedenen Pulsformen muss an dieser Stelle nicht eingegangen werden, da lediglich entscheidend ist, Punktschweißungen mit unterschiedlicher Rissausprägung zu erzeugen.

7.2.1 Wärmeleitungsschweißnähte

In Abbildung 7-10 werden die Daten der vermessenen Risse aus den Wärmeleitungsschweißversuchen zusammengefasst. Dabei werden die Messwerte des Rissradius und des Risswinkels in kartesische Koordinaten mit dem x-Anteil $R^*_{crack,\,x}$ und dem y-Anteil $R^*_{crack,\,y}$ dargestellt. Der Halbkreis n bezeichnet den aktuellen Schweißpunktradius, auf den sich die dargestellten Risse beziehen. Der Halbkreis $n+1$ deutet den darauffolgenden überlappenden Schweißpunkt an. Im Schaubild sinkt der Pulsüberlapp von links nach rechts. Die schwarzen ungefüllten Vierecke stellen alle aufgenommenen Risse dar, die vom Folgepuls gemäß den Modellannahmen geheilt werden. Die gefüllten Dreiecke zeigen die Risse, die vom Folgepuls $n+1$ nicht ausgeheilt werden. Dies wird im Modell als Rissinitiierung bezeichnet und verursacht eine rissbehaftete Schweißnaht. Aus der Abbildung wird deutlich, dass ein geringerer Pulsüberlapp eine Rissinitiierung bei geringeren Risslängen ermöglicht. Für einen Pulsüberlapp von 50 % müssen die Schweißpunkte defektfrei sein, damit die Schweißnähte keine Heißrisse aufweisen.

Um den Einfluss des Pulsüberlapps bei den Schweißversuchen im Wärmeleitungsregime herauszustellen, werden die mittleren Rissradien zur Rissinitiierung und Rissheilung in einem Diagramm in Abhängigkeit des Pulsüberlapps dargestellt, Abbildung 7-11. Mit steigendem Pulsüberlapp steigt sowohl der mittlere Rissradius, welcher vom Folgepuls geheilt wird, als auch der mittlere Rissradius, der benötigt wird, damit Risse in der Schweißnaht verbleiben. Bei einem Pulsüberlapp von 75 % können Risse mit einem Rissradius von bis zu 80 μm geheilt werden.

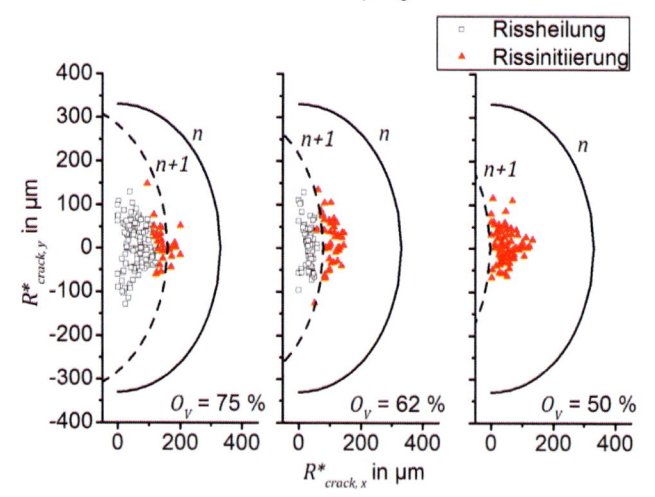

Abbildung 7-10: Rissheilung und Initiierung in Wärmeleitungsschweißnähten für verschiedenen Pulsüberlapp [12]

Der Einfluss des Risswinkels α_{crack} wird in Abbildung 7-12 gezeigt. Auf der Ordinate ist der Rissradius und auf der Abszisse ist der Risswinkel eingetragen. In der Abbildung sind, wie in Abbildung 7-10, die Rohdaten eingetragen. Dabei wird auf die Rissradien für $O_V = 50$ % verzichtet und lediglich die Daten für einen Pulsüberlapp von $O_V = 62$ % und $O_V = 75$ % zusammengefasst dargestellt. Aus der Abbildung wird ersichtlich, dass bei einem kleineren Risswinkel tendenziell kleinere Rissradien zur

Rissinitiierung in Schweißnähten benötigt werden. Zur Veranschaulichung ist eine schwarze Linie eingezeichnet, die diesen Sachverhalt zeigen soll und die Bereiche für Rissheilung und Rissinitiierung qualitativ unterteilt. Somit ist es vorteilhaft, wenn Heißrisse in individuellen Punktschweißungen möglichst senkrecht zur Schweißnaht ausgerichtet sind. Unter diesen Voraussetzungen werden Risse mit größeren Rissradien geheilt.

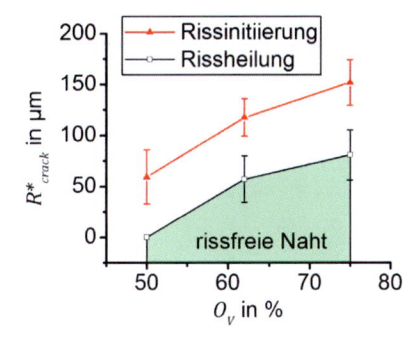

Abbildung 7-11: Mittlerer Rissradius zur Initiierung und Heilung von Rissen in Wärmeleitungsschweißnähten [12]

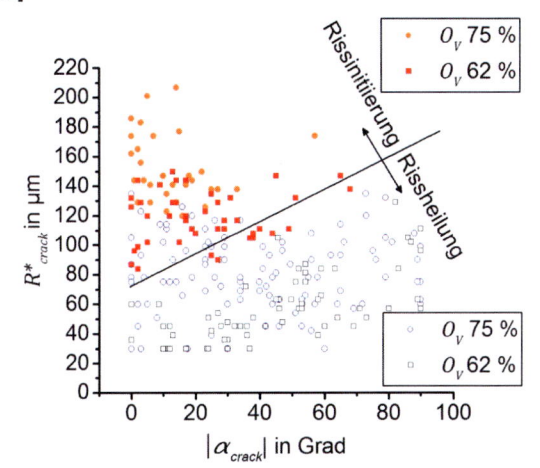

Abbildung 7-12: Zusammenhang zwischen Rissradius und -winkel in Wärmeleitungsschweißnähten [12]

Aus den vorherigen Darstellungen kann abgeleitet werden, unter welchen Bedingungen eine Schweißnaht rissfrei oder rissbehaftet ist. Jedoch wird in den Diagrammen nicht beschrieben, ob es zu einem Risstransfer und somit zu einer durchgängigen Rissbildung entlang der Nahtmitte kommt (Abbildung 6-9 b) oder ob sich eine unterbrochene Rissbildung (Abbildung 6-8 a) und Abbildung 6-9 a) ausbildet. Für einen Risstransfer muss neben der Bedingung für eine Rissinitiierung (großer Rissradius und kleiner Risswinkel) auch eine bestimmte Risscharakteristik im Schweißpunkt vorliegen. Dies wird durch die Begutachtung der Heißrissgeometrie in Schweißpunkten festgestellt, von welchen ein Risstransfer ausgeht. In Abbildung 7-13 werden dazu Aufnahmen von aufeinanderfolgenden Schweißpunkten gezeigt. Anhand der Schweißpunktfolgen a) bis d) sollen die verschiedenen Mechanismen durch repräsentative Beispielaufnahmen erklärt werden. In Abb. 7-13 a) wird veranschaulicht, welche Risscharakteristik typischerweise zu einem Risstransfer und somit zu einer durchgängigen Rissbildung entlang der Nahtmitte führt. Im ersten Schweißpunkt n der Folge a) liegt ein großer Risswinkel vor. Die Heißrisse in diesem Schweißpunkt sind nahezu senkrecht zur Schweißrichtung. Dadurch wird der Heißriss im Schweißpunkt n vollständig von dem Schweißpunkt $n+1$ umgeschmolzen und somit geheilt. Gleichzeitig wird im Schweißpunkt $n+1$ ein neuer Heißriss gebildet. Dieser hat einen geringen Risswinkel und einen großen Rissradius, sodass es zur Rissinitiierung kommt. Der Riss aus dem Schweißpunkt $n+1$ wird dabei im Schweißpunkt $n+2$ fortgeführt, woraus ein Risstransfer und somit eine durchgängige Rissbildung in der Nahtmitte resultiert.

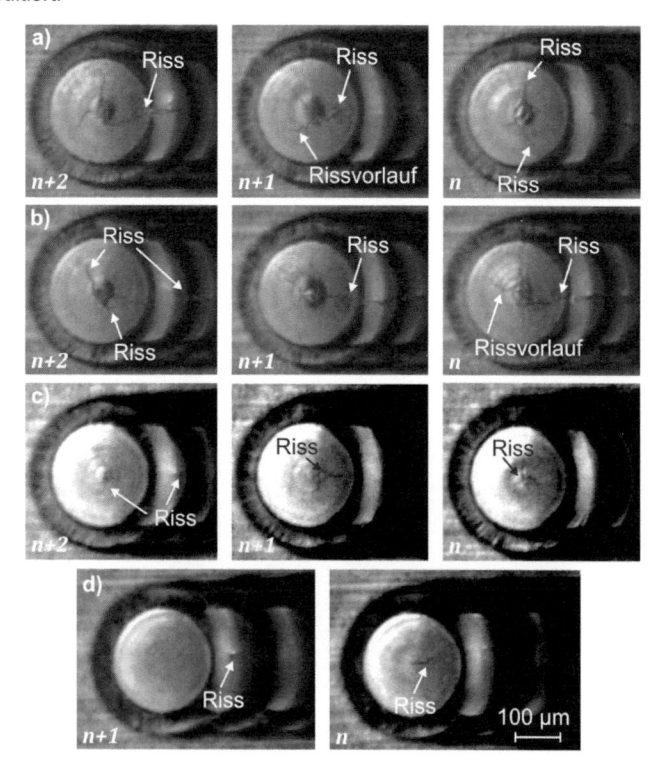

Abbildung 7-13: Schweißpunktfolgen: a) Rissinitiierung und –transfer, b) Risstransferende, c) Rissheilung und -initiierung und d) Rissinitiierung bei geringerem Pulsüberlapp (OV = 62 %) [12]

In den Untersuchungen ist festgestellt worden, dass ein Risstransfer immer dann eintritt, wenn sich die Risse bis in die vordere Hälfte des Schweißpunktes (in Schweißrichtung) erstrecken. In der Abbildung ist dies mit „Rissvorlauf" gekennzeichnet. In Bezug auf die in Kapitel 6 beschriebene Risscharakteristik (Abb. 6-3 und Abb. 6-4) bedeutet dies, dass in den Schweißpunkten mindestens zwei Rissarme vorliegen müssen, damit es zu einem Risstransfer kommen kann. In Abb. 7-13 b) wird die Unterbrechung einer durchgängigen Rissbildung, also das Ende des Risstransfers, gezeigt. Vom Schweißpunkt n zum Schweißpunkt $n+1$ liegt ein Risstransfer vor, da ein Riss im vorderen Bereich des Schweißpunktes bzw. mehrere Rissarme vorhanden sind. Im Schweißpunkt $n+2$ wird der Risstransfer unterbrochen, was aus der Risscharakteristik im Schweißpunkt $n+1$ resultiert. In diesem Fall ist im Schweißpunkt $n+1$ lediglich ein Rissarm vorhanden. Gemäß Modelldefinition verursacht der Riss im Schweißpunkt $n+1$ eine Rissinitiierung. In den Schweißpunktfolgen der Abbildung 7-13 c) und d) werden die Rissheilung und die Rissinitiierung bei unterschiedlichem Pulsüberlapp dargestellt. Hierbei ist im Gegensatz zu den vorherigen Bildfolgen der Bildkontrast nachträglich erhöht worden, um die vergleichsweisen kleinen Risse besser zeigen zu können. In Abb. 7-13 c) wird die Rissbildung des Schweißpunktes n im Folgepuls $n+1$ geheilt. Die Rissbildung in $n+1$ hat einen geringen Risswinkel und einen größeren Rissradius, wodurch es zur Rissinitiierung kommt. Da lediglich ein Rissarm bzw. kein Rissvorlauf vorhanden ist, entsteht kein Risstransfer. Der Riss endet an der Schweißpunktgrenze des Schweißpunktes $n+2$. Der gleiche Mechanismus ist in d) abgebildet. In diesem Fall ist mit einem geringeren Pulsüberlapp geschweißt worden, sodass ein kleinerer Rissradius zur Rissinitiierung geführt hat. Auch hier ist nur ein Rissarm vorhanden, weshalb kein Risstransfer entsteht.

7.2.2 Tiefschweißnähte

Die gleiche Studie ist für Schweißnähte im Tiefschweißregime durchgeführt worden. Die Rohdaten der Rissradien, Risswinkel und die skizzierten Schweißpunkte sind in Abbildung 7-14 zusammengefasst. Dabei werden die Rissradien analog zum vorherigen Abschnitt in den x-Anteil und den y-Anteil zerlegt. Die Risse beziehen sich auf den angedeuteten Schweißpunkt n. Der Folgepuls wird durch den gestrichelten Halbkreis $n+1$ dargestellt. Der Pulsüberlapp erstreckt sich von 70 – 85 %. In der Abbildung sind die Risse, die vom Folgepuls geheilt werden (ungefüllte Vierecke), und die Risse, die einen Riss in der Schweißnaht initiieren (gefüllte Dreiecke), eingezeichnet. Auch beim Tiefschweißen werden für einen höheren Pulsüberlapp größere Rissradien zur Initiierung von Rissen benötigt. Der Nachweis ist in Abbildung 7-15 gegeben, in der die mittleren Rissradien zur Initiierung und Heilung von Rissen dargestellt sind. Für die Tiefschweißnähte lässt sich im Vergleich zu den Wärmeleitungsschweißnähten nur ein leichter Trend erkennen. Dies ist aber auch dem Umstand geschuldet, dass ein geringerer Pulsüberlappbereich mit einem minimalen Pulsüberlapp von 70 % untersucht worden ist. Für Rissradien kleiner als 185 µm kann im Tiefschweißregime für O_V = 85 % eine reproduzierbare Rissheilung festgestellt werden.

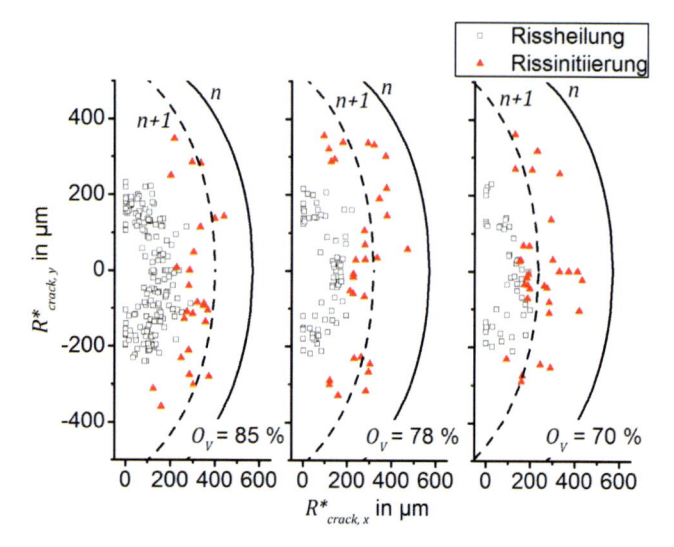

Abbildung 7-14: Rissheilung und Initiierung in Tiefschweißnähten für verschiedenen Pulsüberlapp [12]

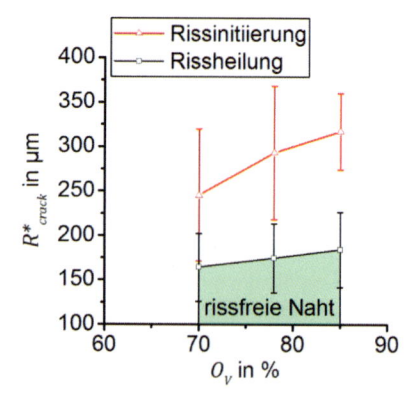

Abbildung 7-15: Mittlerer Rissradius zur Initiierung und Heilung von Rissen in Tiefschweißnähten [12]

Analog zu den Wärmeleitungsschweißnähten werden die Rissradien in Bezug auf den Risswinkel dargestellt, um dessen Einfluss zu illustrieren, Abb. 7-16. Auch im Tiefschweißregime werden bei einem größeren Risswinkel größere Rissradien geheilt. Dies wird qualitativ durch die schwarze Linie angedeutet, die die Bereiche für die Rissheilung und Rissinitiierung trennen soll. Damit ist es auch im Tiefschweißregime vorteilhaft, wenn Risse in individuellen Punktschweißungen jeweils senkrecht zur Vorschubrichtung der Schweißnaht ausgerichtet sind.

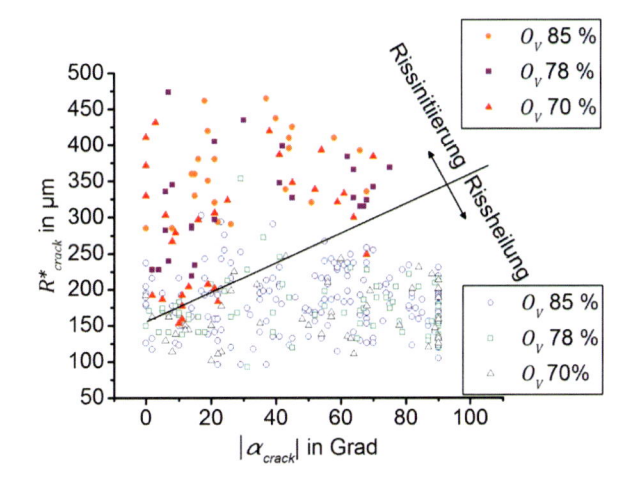

Abbildung 7-16: Einfluss des Risswinkels in Tiefschweißnähten [12]

Die verschiedenen Mechanismen und insbesondere der Risstransfer sollen auf Basis von repräsentativen Schweißpunktfolgen dargestellt und erklärt werden. Für die Tiefschweißungen ist im untersuchten Pulsüberlappbereich (O_V =70-85 %) festgestellt worden, dass eine Rissinitiierung in der Regel einen Risstransfer nach sich zieht. Im vorherigen Abschnitt zu den Wärmeleitungsschweißnähten wird gezeigt, dass für den Risstransfer mindestens zwei Rissarme in der Punktschweißung vorliegen müssen. In Abbildung 6-4 wird der Zusammenhang zwischen dem Rissradius und der Anzahl an Rissarmen dargestellt. Oberhalb eines Rissradius von 200 µm sind im Mittel mindestens zwei Rissarme vorhanden. In Abbildung 7-15 wird gezeigt, dass Rissradien größer als 200 µm eine Rissinitiierung verursachen. Somit sind beim Tiefschweißen die Bedingungen für einen Risstransfer immer gegeben, wenn eine Rissinitiierung vorliegt. Dies erklärt die in den Nahtschweißungen beobachtete durchgängige Rissbildung im Tiefschweißregime, die im Diagramm 6-6 gezeigt wird.

Für die Rissheilung sind, wie quantitativ bereits gezeigt, kleine Rissradien und große Risswinkel von Vorteil. Dies wird durch die Schweißpunktfolge in Abbildung 7-17 verdeutlicht, in der die Risse in jedem Schweißpunkt vom Folgepuls geheilt werden. Hierbei entsteht eine rissfreie Naht, in der Risse lediglich im aktuellen Schweißpunkt vorhanden sind. In Abbildung 7-18 a) wird die Rissinitiierung für einen Pulsüberlapp von O_V = 70 % und in b) einen Pulsüberlapp von O_V = 85 % gezeigt. In der Schweißpunktfolge a) wird die Rissbildung im Schweißpunkt *n* vom Folgepuls *n+1* geheilt. Die Rissbildung in *n+1* hat einen kleinen Risswinkel und einen Rissradius, der beim Pulsüberlapp von O_V = 70 % zu einer Rissinitiierung führt. Der Riss wird im Schweißpunkt *n+2* weiter geführt, welches einem Risstransfer entspricht. In Abb. 7-18 b) wird die Rissinitiierung bei einem höheren Pulsüberlapp dargestellt. Die Rissinitiierung wird durch die Rissgeometrie im Schweißpunkt *n+4* verursacht. Vom Schweißpunkt *n+4* zum Schweißpunkt *n+5* liegt zudem ein Risstransfer vor. Die Risse in den Schweißpunkten *n* bis *n+3* werden per Definition vom Folgepuls geheilt (siehe Kapitel 4.2).

Obwohl die Risse in diesen Schweißpunkten jeweils umgeschmolzen werden und somit eine Rissheilung vorliegt, ist unverkennbar, dass sich die Rissgeometrie des aktuellen Schweißpunktes im Folgepuls abbildet.

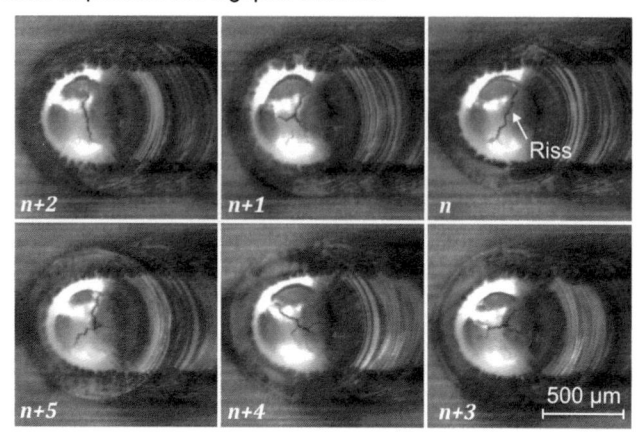

Abbildung 7-17: Rissheilung, O_V = 85 %

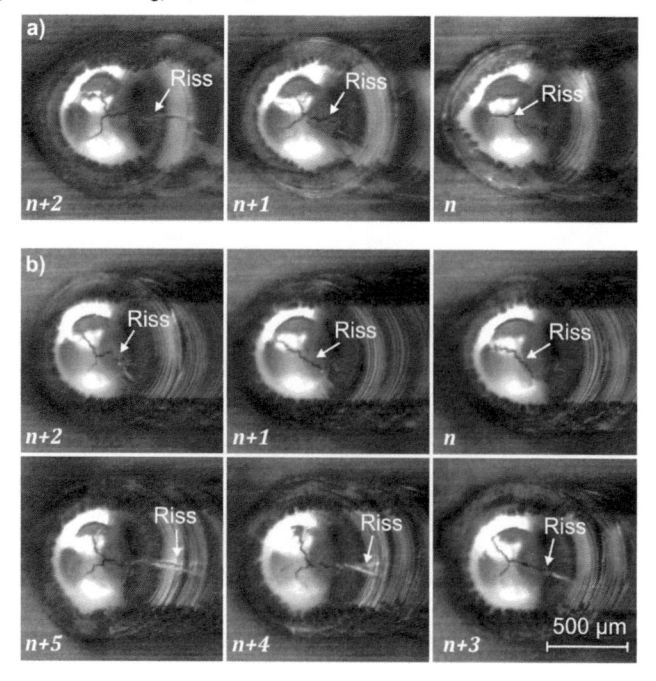

Abbildung 7-18: Rissinitiierung: a) O_V = 70 % und b) O_V = 85 % [12]

Somit kann die Rissbildung des aktuellen Schweißpunktes ein Ausgangspunkt für die Rissbildung im Folgepuls sein. Hierdurch kann sich die Rissbildung sukzessive von

Schweißpunkt zu Schweißpunkt vergrößern, bis der Rissradius im Schweißpunkt $n+4$ groß genug ist, um einen Riss entlang der Schweißnaht zu initiieren. Im Gegensatz dazu kann in der Schweißpunktfolge zur Rissheilung (Abbildung 7-17) keine Abhängigkeit zwischen der Rissbildung in den überlappenden Schweißpunkten gefunden werden, obwohl der Pulsüberlapp identisch ist und die Rissbildung in einem ähnlichen Größenbereich liegt. Für diesen Mechanismus, der Rissfortpflanzung ohne Rissinitiierung, welcher zudem *ex-situ* nicht nachgewiesen werden kann, ist keine Regelmäßigkeiten gefunden worden. Eine Vermutung ist, dass die Risstiefe im Schweißpunkt der entscheidende Parameter für diesen Mechanismus sein könnte. Bei hoher Risstiefe im aktuellen Schweißpunkt wird eine Beeinflussung der Rissbildung des überlappenden Schweißpunktes erwartet. Die Risstiefe in individuellen Schweißpunkten kann jedoch mit der eingesetzten Prozessüberwachung nicht erfasst werden und kann in Schweißnähten im Nachgang nicht mehr gemessen werden.

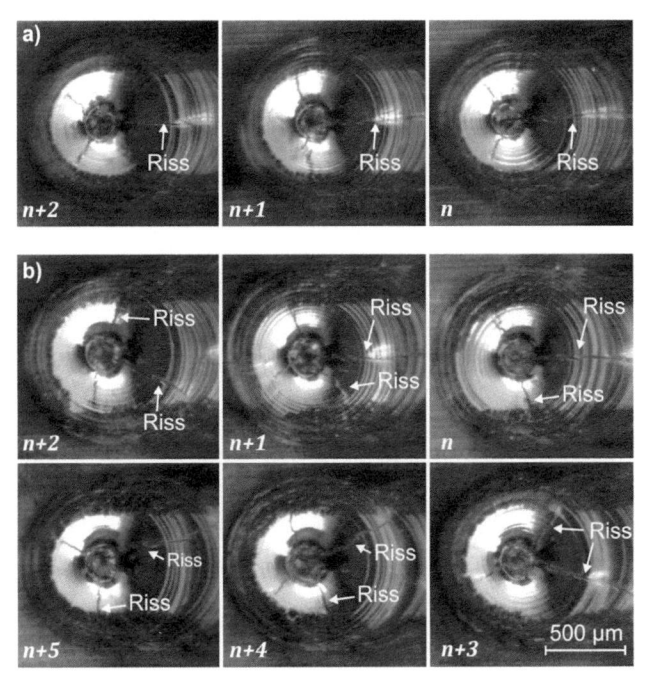

Abbildung 7-19: Risstransfer: a) Durchgängig und b) Risswechsel [12]

In Abbildung 7-19 wird der Risstransfer gezeigt. In der Schweißpunktfolge (a) ist die typische Risscharakteristik bei einer durchgängigen Rissbildung entlang der Nahtmitte dargestellt. Hierbei bilden sich typischerweise mehrere (1 bis 3) Rissarme in der vorderen Hälfte des Schweißpunktes in Schweißrichtung aus. In der Schweißpunktfolge (b) ist ein nicht-durchgängiger Risstransfer dargestellt. In dieser Schweißpunktfolge kommt es zum Risswechsel. Der Riss in der Schweißnahtmitte im Schweißpunkt *n* wird auf den Schweißpunkt *n+1* transferiert. Der markierte Riss im unteren Bereich des Schweißpunktes *n* wird vom Folgepuls *n+1* umgeschmolzen. An dieser Stelle wird wie bei der Rissinitiierung (Abb. 7-18 b) deutlich, dass sich der Riss im unteren Bereich des Schweißpunktes *n+1* nicht völlig willkürlich, sondern auf Basis der Risscharakteristik des Schweißpunktes *n* gebildet hat. Dieser Riss hat dann einen kleineren Risswinkel und größeren Rissradius als der Riss im Vorgängerschweißpunkt. Die geometrische Ausprägung ist ausreichend, um einen Riss in der Schweißnaht zu initiieren und den Riss auf den Schweißpunkt *n+2* zu transferieren. Dabei wird der Riss in der Nahtmitte umgeschmolzen und der Risstransfer an dieser Stelle unterbrochen. Dieser Vorgang wird als Risswechsel bezeichnet. Der gleiche Mechanismus kann im oberen Bereich der Schweißpunktfolge von *n+2* bis *n+4* beobachtet werden. Auch für den Risswechsel können keine Regelmäßigkeiten festgestellt werden. Der Riss im unteren Bereich von Schweißpunkt *n+4* beeinflusst z. B. in keiner Weise die Rissbildung im Schweißpunkt *n+5*. Wie für die Rissfortpflanzung ohne Rissinitiierung, Schweißpunkte *n* bis *n+3* in Abb. 7-18 b), wird für den Risswechsel erwartet, dass die im verborgenen liegende Risstiefe der entscheidende Parameter sein könnte.

7.3 Zusammenfassung, Bewertung und Fazit

In diesem Abschnitt werden die Erkenntnisse, die aus den Schweißversuchen und der Anwendung des Modells gewonnen worden sind, zusammengefasst und bewertet. Die Wirkung der Einflussfaktoren auf die Rissbildung in Schweißpunkten wird in einem Konturdiagramm veranschaulicht. Der Rissradius wird dazu in Bezug auf die Erstarrungsgeschwindigkeit und den Schweißradius dargestellt, Abb. 7-20. Die Interpolation des Rissradius wird mit Hilfe des Kriging-Algorithmus [STE99] durchgeführt. Die Rohdaten sind in Tabelle 0-1 aufgeführt. Innerhalb des Prozessschaubildes sind die einzelnen Rissmechanismen eingetragen.

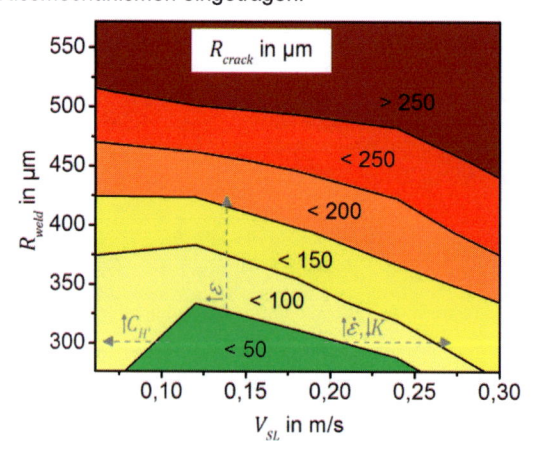

Abbildung 7-20: Prozessregime der Heißrissbildung in Punktschweißungen

Das Schaubild würde sich unwesentlich ändern, wenn auf der x-Achse anstatt der Erstarrungsgeschwindigkeit die Abkühlrate oder der Leistungsgradient des Laserpulses aufgetragen werden würde. Das Gleiche gilt für den Schweißradius und die Einschweißtiefe in Bezug auf die y-Achse. Der rissminimierende Bereich liegt bei kleinen Schweißradien und bei Erstarrungsgeschwindigkeiten im Bereich von 0,125 m/s. Erhöht sich die Erstarrungsgeschwindigkeit, nimmt die Dehnungsrate $\dot{\varepsilon}$ zu und die Permeabilität K ab, woraus ein Anstieg der Heißrissbildung resultiert. Bei kleinen Erstarrungsgeschwindigkeiten ist gezeigt worden, dass die Wasserstoffseigerung $C_{H'}$ an der Erstarrungsfront vergrößert wird und somit die Heißrissbildung begünstigt. Eine Erhöhung des Schweißradius bzw. des Schweißvolumens erhöht die Dehnung ε, die nahezu unabhängig von der Erstarrungsgeschwindigkeit Heißrisse verursacht. Die Dehnung ist somit der Einflussfaktor, der die rissfreie Einschweißtiefe von einzelnen Schweißpunkten am stärksten limitiert.

Die Prozessbeobachtung der Rissbildung entlang von Nahtschweißungen hat ergeben, dass die individuelle Heißrissbildung in einzelnen Schweißpunkten umgeschmolzen und geheilt werden kann. Diese Wirkungsweise, die durch einen geringen Rissradius und einen großen Risswinkel begünstigt wird, ermöglicht rissfreie Nahtschweißungen mit rissbehafteten Schweißpunkten. Hierbei sollte ein möglichst großer Pulsüberlapp gewählt werden. Im Folgenden werden die Rissradien aus den Punktschweißexperimenten, Abb. 6-2 und Tabelle 0-1 des Anhanges, mit den Ergebnissen der Nahtschweißungen aus Abb. 6-6 und den *in-situ* gemessen Rissradien aus Abschnitt 7.2 verglichen.

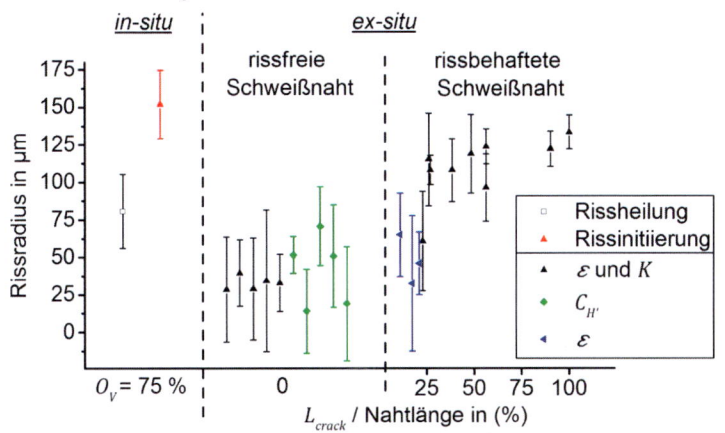

Abbildung 7-21: Vergleich von den *in-situ* gemessenen Rissradien mit den *ex-situ* gemessenen Risslängen aus Punkt- und Nahtschweißungen für die RD-Pulsform mit $P_{YAG} \leq 1,6$ kW

Dies wird in Abbildung 7-21 für die Wärmeleitungsschweißungen mit $P_{YAG} \leq 1,6$ kW dargestellt. Anhand der Laserparameter werden die gemessenen Rissradien der Punktschweißungen (vgl. Abb. 6-2) den prozentualen Risslängen der Nahtschweißungen (vgl. Abb. 6-6) zugeordnet. Weiterhin ist kenntlich gemacht, durch welchen

Mechanismus (vgl. 7-20) die Risse in den Punktschweißungen erzeugt werden. Links im Diagramm sind die *in-situ* gemessenen mittleren Rissradien für die Heilung und Initiierung von Rissen bei einem Pulsüberlapp von 75 % (vgl. Abb. 7-11) eingetragen. Dieser Pulsüberlapp entspricht dem in den Nahtschweißungen (Abb. 6-6) verwendetem Pulsüberlapp. Die in den Punktschweißungen gemessenen Rissradien, deren Laserparameter zu rissfreien Schweißnähten führen, liegen unterhalb des mittleren Rissradius für Rissheilung, der in diesem Kapitel durch die *in-situ* Prozessaufnahmen bestimmt worden ist. An dieser Stelle sind die verschiedenen Experimente konsistent.

Interessant ist der Vergleich zwischen dem *in-situ* gemessenen mittleren Rissradius zur Rissinitiierung und den Rissradien in Punktschweißungen, deren Laserparameter zu rissbehafteten Nahtschweißungen führen. Zum einen sind die in unabhängigen Punktschweißungen erzeugten Rissradien auf einem geringeren Niveau als der *in-situ* gemessene mittlere Rissradius zur Rissinitiierung. Zudem ist bemerkenswert, dass mit Laserparametern, die in Punktschweißungen Rissradien im Größenbereich der *in-situ* Rissheilung produzieren, rissbehaftete Nahtschweißungen entstehen können. Die Rissbildung beschränkt sich für diese Laserparameter auf einen geringen Bereich der Naht mit prozentualen Risslängen unterhalb von 25 %. Bei identischen Laserparametern können somit innerhalb von Nahtschweißungen größere Rissradien in einzelnen überlappenden Schweißpunkten entstehen als bei unabhängigen Punktschweißungen. In diesem Zusammenhang ist in den Prozessaufnahmen beobachtet worden, dass sich die Rissbildung eines Schweißpunktes im nächsten überlappenden Schweißpunkt abbilden kann und somit aufgrund des Versatzes der Schweißpunkte eine Vergrößerung der Rissgeometrie entsteht. Dieser Effekt wird in Abb. 7-18 b) für die Rissinitiierung und in Abb. 7-19 b) für den Risswechsel gezeigt. Jedoch können keine Regelmäßigkeiten für diese Beeinflussung der Rissbildung des folgenden Schweißpunktes gefunden werden. An dieser Stelle wird die Vermutung geäußert, dass bei größeren Risstiefen eine Beeinflussung des folgenden Schweißpunktes wahrscheinlicher werden würde. Dies wird zumindest durch die Rissbildung im Regime der Wasserstoffseigerung $C_{H'}$ unterstützt. Hier werden oberflächennahe Risse erzeugt (siehe Abb. 7-6), die in Nahtschweißungen reproduzierbar geheilt werden.

In Abbildung 7-22 wird der analoge Vergleich von den *in-situ* und *ex-situ* gemessenen Risslängen für das Tiefschweißregime dargestellt. Die in den Punktschweißungen gemessenen Rissradien, die mit der RD-Pulsform erzeugt worden sind, entsprechen dem *in-situ* gemessenen Rissradius zur Rissinitiierung. Dies erklärt weshalb mit der RD-Pulsform im Tiefschweißregime eine durchgängige Rissbildung unabhängig von der Abkühldauer des Laserpulses entsteht, Abb. 6-6.

Aus den Untersuchungen können folgende Schlüsse gezogen werden. Um die Heißrissbildung bei Nahtschweißungen im Tiefschweißregime zu reduzieren, muss der Rissradius in Punktschweißungen verringert werden, da für den Risswinkel keine Gesetzmäßigkeiten gefunden worden sind und bei Tiefschweißungen in der Regel mehrere Rissarme vorliegen. In dieser Arbeit ist innerhalb der Punktschweißexperimente gezeigt worden, dass die Dehnung der kritische heißrissinduzierende Einflussfaktor ist, der bei Erhöhung der Einschweißtiefe zu einem signifikanten Anstieg des Rissradius führt. Somit muss der Dehnung im Erstarrungsprozess entgegen gewirkt werden. Rissfreie Nahtschweißungen können mit rissfreien und rissbehafteten Schweißpunkten produziert werden, wobei für Letztere der Mechanismus der Rissheilung wirken muss. Bei Nahtschweißungen kann eine Beeinflussung der Rissbildung von aufeinanderfolgenden Schweißpunkten nicht ausgeschlossen werden. Dies kann zu einer sukzessiven Rissradiusvergrößerung führen und somit eine Rissinitiierung innerhalb der Nahtschweißung verursachen. Aus diesem Grund ist auch bei erfolgreicher Rissradiusreduktion eine Prozessbeobachtung unumgänglich, um die Rissfreiheit der Schweißnaht zu validieren.

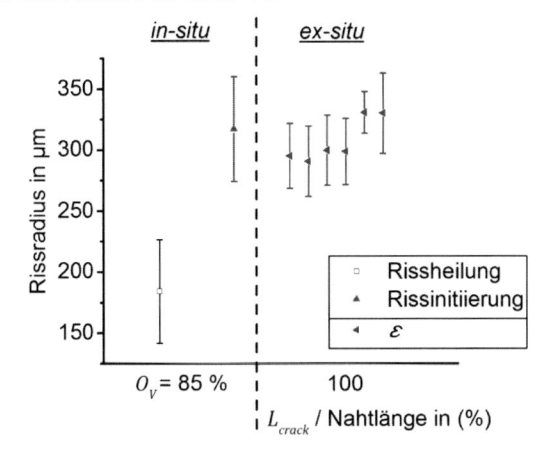

Abbildung 7-22: Vergleich von den *in-situ* gemessenen Rissradien mit den *ex-situ* gemessenen Risslängen aus Punkt- und Nahtschweißungen für die RD-Pulsform mit $P_{YAG} = 1{,}8$ kW

8 Methoden zur Heißrissreduktion

Durch Beeinflussung der Schweißpunkterstarrung sollen rissfreie Nahtschweißungen bei höherer Einschweißtiefe ermöglicht werden. Rissbildung aufgrund einer sukzessiven Rissradiusvergrößerung über mehrere Schweißpunkte soll durch eine automatisierte Heißrisserkennung festgestellt werden.

Aufbauend auf der Erkenntnis, dass die Dehnung die rissfreie Einschweißtiefe begrenzt, sind zwei Maßnahmen identifiziert worden. Die Maßnahmen begründen sich aus dem TIS Konzept (Abb. 2-4), wonach das Schweißgut während der Erstarrung ein Minimum der Verformbarkeit durchläuft. Zu diesem Zeitpunkt darf ein bestimmtes Dehnungsniveau nicht überschritten werden. Um die Dehnung zu beeinflussen, wird mit Hilfe der Pulsform in den Prozess eingegriffen. Die zwei Ansätze sind in Abbildung 8-1 dargestellt.

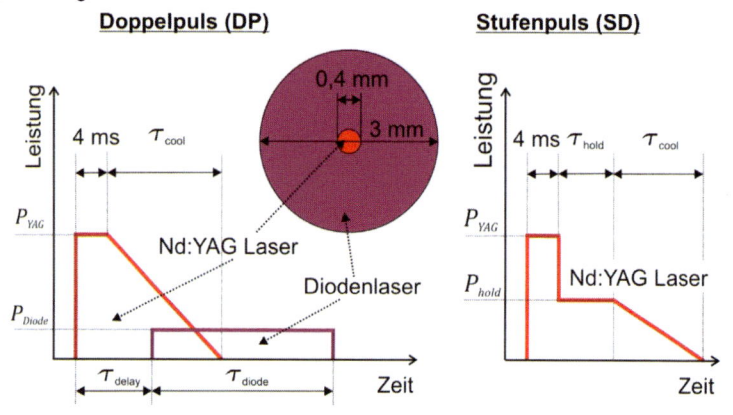

Abbildung 8-1: Heißrissminimierende Pulsformen: Doppelpuls und Stufenpuls Pulse

Beim gepulsten Laserstrahlschweißen mit der „Doppelpuls (DP)" Pulsform wird der Schweißpunkt mit der RD Pulsform erzeugt. Mit einer definierten Verzögerung τ_{delay} bestrahlt ein zweiter Laserpuls eines Diodenlasers die Schweißzone. Dieser erwärmt aufgrund seines großen Laserspotdurchmessers (d_{Spot} = 3 mm) hauptsächlich das Grundmaterial, das den Schweißpunkt (d_{weld} < 1,3 mm) umgibt. Die erhöhte Temperatur im Grundmaterial führt zu einer linearen thermischen Ausdehnung, die der Schrumpfung des erstarrenden Schweißpunktes entgegenwirkt. Dadurch soll die Heißrissbildung reduziert werden.

Im zweiten Ansatz, dem „Stufenpuls (SD)", wird die Pulsform des RD-Pulses modifiziert. Die SD-Pulsform ist dem Tailing-Wave-Puls ähnlich, jedoch wurde in der Studie zum Tailing-Wave-Puls auf einen anderen Wirkungsmechanismus abgezielt [MAT99]. Die SD-Pulsform stellt sich wie folgt dar. Nach der anfänglichen Schweißphase (4 ms mit P_{YAG}) wird die Leistung sprunghaft auf P_{hold} verringert. Diese Leistung wird für eine definierte Dauer τ_{hold} gehalten, bevor die Leistung linear über die Dauer τ_{cool} herunter gefahren wird. Der Sprung von P_{YAG} auf P_{hold} soll Dehnungen, die aus Erstarrungsschrumpfung und linearer thermischer Dehnung resultieren, zu Beginn der Erstarrung abbauen. Zu diesem Zeitpunkt kann das Schweißgut Schrumpfungen kompensieren, da der Schweißpunkt hauptsächlich aus Schmelze besteht und sich noch keine Dehnungen akkumuliert haben. Zum heißrisskritischen Erstarrungsende erfährt das Schweißgut dann weniger Dehnungen. Beide Ansätze werden im Folgenden evaluiert. Anschließend wird das Verfahren zur Heißrisserkennung erläutert und Schweißungen von Musterapplikation vorgestellt.

8.1 Doppelpuls

8.1.1 Heißrissanfälligkeit

Die heißrissminimierende Wirkung der DP-Pulsform ist anhand von Nahtschweißungen mit $P_{YAG} \geq 1,6$ kW erforscht worden, für die mit der RD-Pulsform keine heißrissfreien Schweißnähte erzeugt werden können. Für diese Pulsspitzenleistungen ist die Heißrissanfälligkeit von Punkt- und Nahtschweißungen, die mit der RD-Pulsform geschweißt werden, proportional zueinander. Somit können beide Risskriterien angewendet werden. In diesem Fall wird die Heißrissanfälligkeit durch Nahtschweißungen bewertet.

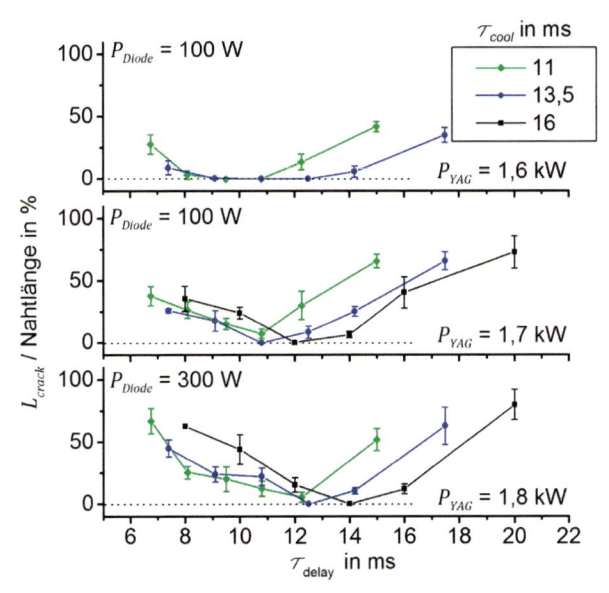

Abbildung 8-2: Nahtschweißungen mit f_{Rep} = 4 Hz und v = 40 mm/min, τ_{diode} = 10 ms: Heißrissanfälligkeit in Bezug auf τ_{delay} [2]

In Abbildung 8-2 ist der Einfluss von τ_{delay} auf die Heißrissanfälligkeit für verschiedene Pulsspitzenleistungen und Abkühldauern dargestellt. Diese wird als Risslänge durch Nahtlänge (prozentuale Risslänge) quantifiziert. Die Pulsspitzenleistung steigt vom oberen zum unteren Diagramm an. Jeder Graph durchläuft in Bezug auf τ_{delay} ein Minimum der Heißrissanfälligkeit. Wird ausgehend von diesem heißrissminimierenden τ_{delay} ein größerer oder kleinerer Wert für τ_{delay} verwendet, erhöht sich die Heißrissanfälligkeit. Bei P_{YAG} = 1,6 kW kann mit P_{Diode} = 100 W und τ_{cool} = 11 ms sowie τ_{cool} = 13,5 ms die Heißrissbildung vermieden werden, wenn der Diodenlaser zum „richtigen" Zeitpunkt einsetzt. Wird mit P_{YAG} = 1,7 kW oder P_{YAG} = 1,8 kW geschweißt, muss τ_{cool} ≥ 13,5 ms sein, um rissfrei zu schweißen. Hinzu kommt, dass die Grenzen des heißrissminimierenden τ_{delay} enger werden. Bei P_{YAG} = 1,8 kW muss zudem eine Diodenlaserleistung von P_{Diode} = 300 W verwendet werden, um Heißrisse zu unterdrücken. Der heißrissminimierende Wert von τ_{delay} ist abhängig von der Pulsspitzenleistung und der Abkühldauer des Nd:YAG Laserpulses, wobei größere Pulsspitzenleistungen und längere Abkühldauern den optimalen Wert von τ_{delay} vergrößern.

Die Ergebnisse bestätigen die Annahmen der DP-Pulsform, die sich aus dem TIS-Konzept begründen. Gemäß der Theorie durchläuft das Schweißgut während der Erstarrung einen heißrisskritischen Zustand mit geringer Verformbarkeit. Der Diodenlaserpuls muss jeweils zu einem definierten Zeitpunkt während der Abkühlphase des Nd:YAG Laserpulses einsetzen, damit die Dehnungen zum heißrisskritischen Zeitpunkt kompensiert werden. In Bezug auf diese Annahmen bedeutet das für die Wirkung des Diodenlaserpulses:

- Setzt der Diodenlaserpuls zu spät ein, sind die Korngrenzen bereits zu weiten Teilen getrennt, wenn der Diodenlaserpuls die thermische Ausdehnung des Grundwerkstoffes bewirkt.

- Wird der Diodenlaserpuls zu früh gestartet, kommt es zur Ausdehnung des Grundwerkstoffes, bevor die Schrumpfungen des Erstarrungsprozesses einsetzen und bevor das Verformbarkeitsminimum des Schweißgutes durchlaufen wird. Zum heißrisskritischen Zeitpunkt ist dann das Ausdehnungspotential des Grundwerkstoffes, das sich aus der Diodenlaserbestrahlung und der daraus resultierenden Temperaturerhöhung ergibt, ausgeschöpft. In diesem Fall baut der Diodenlaserpuls Dehnungen auf, die im späteren Verlauf der Erstarrung heißrissfördernd wirken können.

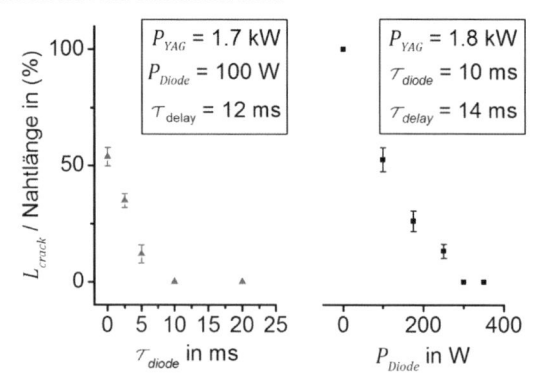

Abbildung 8-3: Nahtschweißungen mit R = 4 Hz und f = 40 mm/min: Heißrissanfälligkeit in Bezug auf τ_{diode} (links) und P_{Diode} (rechts)

Die Ergebnisse zeigen, dass größere Pulsspitzenleistungen und längere Abkühldauern den optimalen Wert für τ_{delay} vergrößern. Somit verzögern diese Parameter des Nd:YAG Laserpulses den kritischen Zeitpunkt, bei dem das Schweißgut sein Minimum der Verformbarkeit durchläuft bzw. heißrissinduzierende Dehnungen eine Trennung der Korngrenzen hervorrufen.

Die thermische Ausdehnung des Grundwerkstoffes erfolgt aus der Bestrahlung mit dem Diodenlaser. In Abbildung 8-3 wird gezeigt, wie sich eine Änderung der Diodenlaserparameter bei optimiertem τ_{delay} auf die Heißrissbildung auswirkt. Für beide Parameter (τ_{diode} und P_{Diode}) kann in den beiden Schweißszenarien festgestellt werden, dass jeweils ein bestimmter Wert benötigt wird, um Heißrissbildung zu vermeiden. Eine Vergrößerung von P_{Diode} oder τ_{diode} bewirkt eine Vergrößerung der Pulsenergie des Diodenlasers, wodurch eine Temperaturerhöhung erwartet wird. Höhere Temperaturen vergrößern die lineare thermische Ausdehnung, die zur Dehnungskompensation und somit zur Heißrissvermeidung eingesetzt wird.

Die Temperaturentwicklung, die aus der Bestrahlung mit einem Diodenlaserpuls (τ_{diode} = 10 ms) und unterschiedlichen Leistungen resultiert, wird in Abbildung 8-4 gezeigt. Hierbei ist ein Aluminiumblech mit dem Diodenlaser bestrahlt worden, ohne dass der Nd:YAG Laser einen Schweißpunkt erzeugt hat. Für die Thermographiemessung wird ein Emissionsgrad von $e = 0,09$ angenommen, der für gewalzte Aluminiumoberflächen bei Temperaturen unterhalb der Schmelztemperatur gilt [TOT03]. Zudem kann für diesen Temperaturbereich der Emissionsgrad über eine Heizplatte überprüft werden. Zum Vergleich ist in Abbildung 8-4 a) auch der Durchmesser einer Punktschweißung (d_{Weld} = 1,25 mm) eingetragen. Aufgrund der Größe des Diodenlaserspots von 3 mm wird eine deutliche Temperaturerhöhung außerhalb der Schweißdimensionen erzielt.

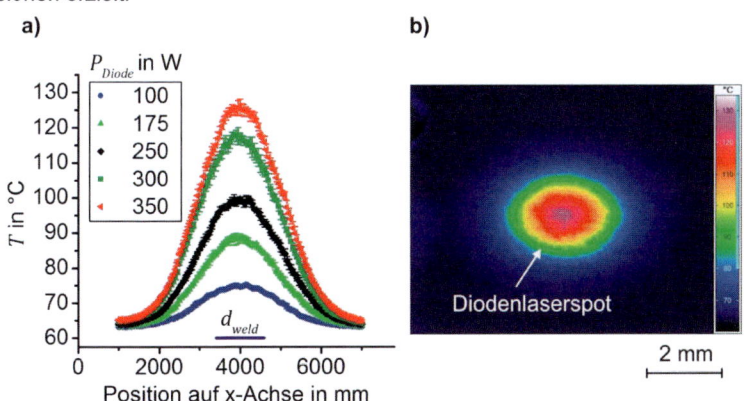

Abbildung 8-4: Thermographieaufnahmen des Diodenlaseraufheizprozesses bei $t = \tau_{diode}$ = 10 ms mit $e=0,09$: a) Temperaturprofil entlang der x-Achse und b) Thermographiebild mit P_{Diode} = 350 W

Dies belegt, dass durch die Diodenlaserbestrahlung eine thermische Ausdehnung des Grundmaterials um den Schweißpunkt entstehen muss.

8.1.2 Erstarrungsprozess

Neben dem Eingriff in die thermomechanischen Bedingungen während der Erstarrung ist auch untersucht worden, inwieweit der Diodenlaserpuls die Erstarrungsbedingungen und somit die Metallurgie beeinflusst. Dazu sind die Erstarrungsprozesse von Schweißungen innerhalb des Tiefschweißprozessregimes ohne und mit Überlagerung des Diodenlaserpulses mit Hilfe der *in-situ* Prozessdiagnostik verglichen worden und Korngrenzschliffe angefertigt worden.

Abbildung 8-5 zeigt Hochgeschwindigkeitsaufnahmen der zwei Prozesse. In Abb. 8-5 a) ist der Verlauf des Schweißprozesses dargestellt, bei dem kein Diodenlaser überlagert wird. In Abb. 8-5 b) werden identische Laserparameter des Nd:YAG Lasers verwendet. Der Diodenlaser wird mit P_{Diode} = 300 W und τ_{diode} = 10 ms überlagert. Der Diodenlaserpuls setzt mit einer zeitlichen Verzögerung von τ_{delay} = 14 ms ein, der die heißrissminimierende Verzögerung in Bezug auf die Ergebnisse in Abb. 8-2 ist.

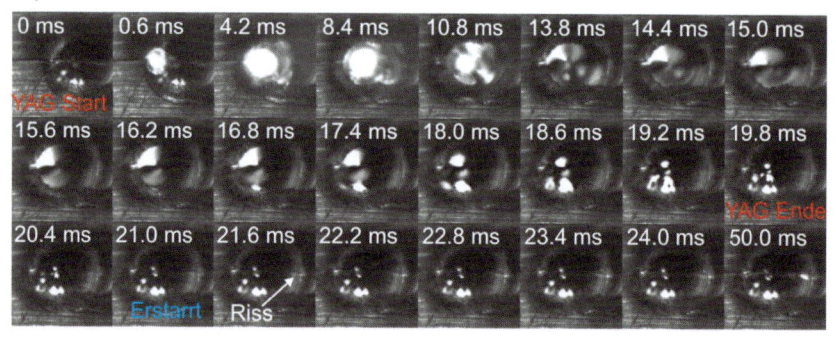

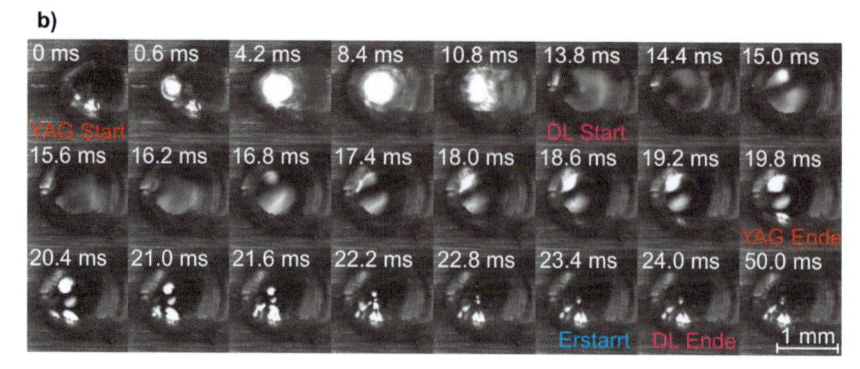

Abbildung 8-5: Aufnahmen (1700 fps): v = 40 mm/min, f_{Rep} = 4 Hz, P_{YAG} = 1,8 kW, τ_{cool} = 16 ms; a) RD-Pulsform und b) DP-Pulsform mit τ_{diode} = 10 ms, τ_{delay} = 14 ms und P_{Diode} = 300 W [2]

Bis zum Einsetzen des Diodenlaserpulses verlaufen beide Prozesse nahezu identisch. Der helle Bereich in der Schweißpunktmitte stellt die Prozessstrahlung der Dampfkapillare dar. Diese kollabiert unmittelbar nach t = 10,8 ms. Dies ist konsistent zum Temperaturverlauf aus Abbildung 6-11. In der Messung ist die Temperatur in diesem Zeitbereich unterhalb der Verdampfungstemperatur von Aluminium gesunken. Ohne Diodenlaserüberlagerung erstarrt der Schweißpunkt bei t = 21 ms. Durch Überlagerung des Diodenlaserpulses wird der Erstarrungsprozess verlängert, wodurch der Schweißpunkt bei t = 23,4 ms erstarrt. In der Zeitfolge von Abb. 8-5 a) ist Rissbildung in der Schweißnahtmitte erkennbar, die sich als weiße Linie darstellt. Diese wird im Zeitverlauf deutlicher, da die Korngrenzen durch den Temperaturabfall und das thermische Schrumpfen weiter separiert werden. In den Aufnahmen des Schweißpunktes, der mit der DP-Pulsform erzeugt worden ist, ist keine Rissbildung entlang der Nahtmitte ersichtlich.

In Abbildung 8-6 sind der Verlauf des Schmelzbaddurchmessers d_{molten} und des Temperaturgradienten an der Erstarrungsfront G_{SL} in zwei Diagrammen dargestellt. Aus dem Verlauf von d_{molten} wird ersichtlich, dass aus der Überlagerung des Diodenlaserpulses eine Verlängerung des Erstarrungsprozesses resultiert. Die Erstarrungsgeschwindigkeit gegen Ende der Erstarrung, die über die Steigung der gestrichelten Geraden berechnet werden kann, bleibt nahezu unverändert. Diese beträgt 0,11 m/s. G_{SL} wird in Bezug auf den Schmelzbaddurchmesser dargestellt. Durch die großflächige Bestrahlung mit dem Diodenlaser verringert sich G_{SL} zu einem früheren Zeitpunkt während der Erstarrung.

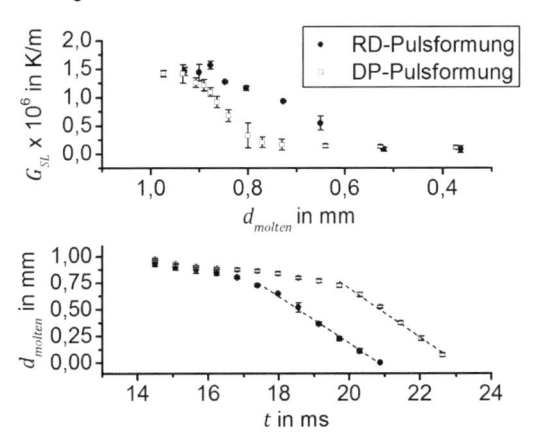

Abbildung 8-6: Verlauf von d_{molten} und G_{SL} für P_{YAG} = 1,8 kW, $\mathcal{T}_{cool}$ = 16 ms; a) RD-Pulsform und b) DP-Pulsform mit $\mathcal{T}_{diode}$ = 10 ms, $\mathcal{T}_{delay}$ = 14 ms und P_{Diode} = 300 W [2]

Die Metallurgie wird anhand von Korngrenzschliffen bewertet, die in Abbildung 8-7 gezeigt werden. Die Schweißnähte sind an der Oberseite angeschliffen worden und elektrochemisch nach Barker bearbeitet worden [BAR50]. Ohne die Überlagerung des Diodenlaserpulses, Abb. 8-7 a), ist eine deutliche Rissbildung in der Schweißnahtmitte erkennbar. Die DP-Pulsform hat eine rissfreie Schweißnaht erzeugt, Abb.8-7 b). Beide Schweißnähte haben eine gerichtete dendritische Kornstruktur. Jedoch lassen sich aus den Schliffbildern keine deutlichen Unterschiede in der Größe der Kornstruktur erfassen.

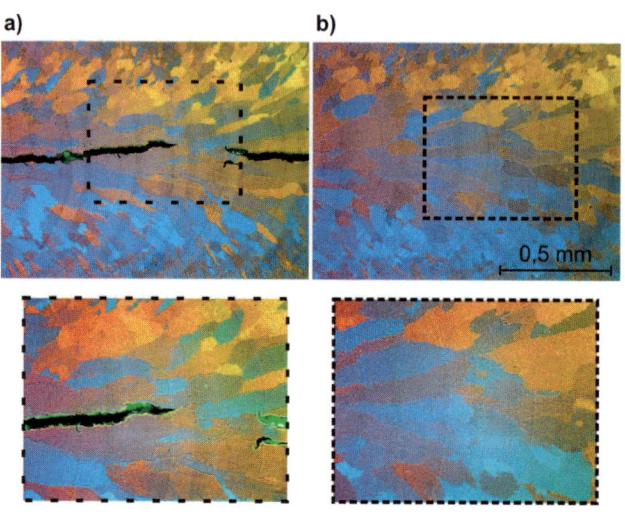

Abbildung 8-7: Korngrenzschliff von Aufsicht: v = 40 mm/min, f_{Rep} = 4 Hz, P_{YAG} = 1,8 kW, τ_{cool} = 16 ms; a) RD-Pulsform und b) DP-Pulsform mit τ_{diode} = 10 ms, τ_{delay} = 14 ms und P_{Diode} = 300 W

Die Ergebnisse zum Erstarrungsprozess der DP-Pulsform unterstützen die Annahme, dass diese Pulsform in die thermomechanischen Vorgänge während der Erstarrung eingreift und dabei im Speziellen die Dehnung kompensiert. Dies wird zum einen aus den Schliffbildern abgeleitet, die keine signifikanten Unterschiede aufweisen. Zum anderen erstarren die Schweißpunkte mit nahezu identischer Erstarrungsgeschwindigkeit. Lediglich der Temperaturgradient wird verringert, der gemäß der Formel 2-10 die Dehnungsrate herabsetzt. Wäre die Verringerung des Temperaturgradienten der entscheidende Einflussfaktor auf die reduzierte Heißrissanfälligkeit, dann wäre die definierte Verzögerung der beiden Laserpulse nicht erforderlich.

8.2 Stufenpuls

8.2.1 Heißrissanfälligkeit

Um die SD-Pulsform in Bezug auf die Heißrissbildung zu bewerten, wird die Heißrissanfälligkeit mit der RD-Pulsform verglichen. Aufgrund der veränderten Pulsform wird für die Risslängenmessung der Rissradius in Punktschweißungen verwendet. Zusätzlich werden auch die Einschweißtiefen vermessen, damit die Rissanfälligkeit in Abhängigkeit der Einschweißtiefe beurteilt werden kann. Die in den Untersuchungen variierten Parameter sind in Tabelle 8-1 aufgelistet. Diese beziehen sich auf die SD-

Pulsform wie in Abbildung 8-1 dargestellt. Das Leistungsniveau P_{hold} wird in Prozent in Bezug auf P_{YAG} angegeben.

Für die Nomenklatur gilt: Pulsform-%P_{hold} - τ_{hold} - τ_{cool} - P_{YAG}. Das bedeutet für eine SD-Pulsform mit P_{hold} = 50%, τ_{hold} = 6 ms, τ_{cool} = 10 ms und P_{YAG} = 1,9 kW: SD-50-6-10-1,9. Für die RD-Pulsform entfallen %P_{hold} und τ_{hold}, sodass RD-13,5-1,8 den Parametern τ_{cool} = 13,5 ms und P_{YAG} = 1,8 kW entspricht.

Tabelle 8-1: Parameter der Stufenpuls (SD) Pulsform

P_{YAG}	1,5 - 1,9 kW
P_{hold}	50 % P_{YAG} und 25 % P_{YAG}
τ_{hold}	2 – 8 ms
τ_{cool}	5 – 10 ms

Die mit der SD-Pulsform erzielten Einschweißtiefen sind in Abbildung 8-8 dargestellt. Die Einschweißtiefen der RD-Pulsform sind zum Vergleich eingetragen. Auch bei der SD-Pulsform ist die Einschweißtiefe hauptsächlich von P_{YAG} abhängig. Bei gleichem P_{YAG} ist die Einschweißtiefe für die SD-Pulsform im Vergleich zur RD-Pulsform geringer. Weiterhin wird für den Übergang zum Tiefschweißregime (S_{weld} = 500 µm) eine um 0,1 kW erhöhte Pulsspitzenleistung benötigt.

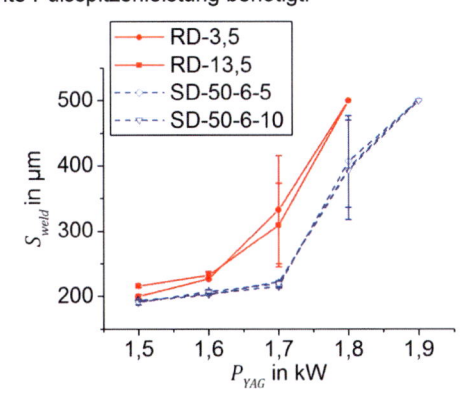

Abbildung 8-8: Einschweißtiefe für die RD- und SD-Pulsform [3]

Die in Bezug auf P_{YAG} verschobenen Prozessregime können aus der Pulsform begründet werden. In Abbildung 6-11 wird gezeigt, dass bei der RD-Pulsform aufgrund des temperatur- und prozessabhängigen Absorptionsgrades die Spitzentemperatur gehalten wird, obwohl sich die Leistung während des Laserpulses verringert. Bei der SD-Pulsform wird die Leistung sprunghaft reduziert. In Abschnitt 8.2.2 wird gezeigt, dass die Temperatur diesem Verlauf folgt. Somit ist bei der SD-Pulsform im Vergleich zur RD-Pulsform der Absorptionsgrad nach t = 4 ms geringer. Dieser Effekt steht aber nicht im Fokus der Untersuchungen. Weiterhin lässt sich die Einschweißtiefe über die Erhöhung von P_{YAG} einfach anpassen.

Die Heißrissanfälligkeit in Abhängigkeit der erzeugten Einschweißtiefe ist für verschiedene Pulsformen in Abbildung 8-9 zusammengefasst. Die Ergebnisse sind auf zwei Diagramme aufgeteilt, um die Übersichtlichkeit zu verbessern. Die roten Graphen im linken Diagramm zeigen die Rissradien für die RD-Pulsform, welche auch in Abschnitt 6.1.2 dargestellt werden. Im gleichen Diagramm sind die Verläufe von R_{crack} für verschiedene SD-Pulsformen mit τ_{cool} = 10 ms dargestellt. Die SD-Pulsform mit P_{hold} = 25 %*P_{YAG} erzeugt große Rissradien, die der RD-3,5 Pulsform ähnlich sind. Wie bereits in Kapitel 6 gezeigt, können mit der RD-13,5 Pulsform rissfreie Punktschweißungen bei kleinen Einschweißtiefen erzeugt werden. Mit den Pulsformen SD-50-4-10 und SD-50-6-10 entstehen für alle untersuchten Pulsspitzenleistungen Risse. Im Tiefschweißregime (S_{weld} = 500 µm) ist R_{crack} für die SD-50-4-10 und die SD-50-6-10 Pulsform deutlich geringer, als wenn mit der RD-Pulsform Schweißpunkte im Tiefschweißregime erzeugt werden.

Im rechten Diagramm sind die Rissradien dargestellt, die mit der SD-Pulsform bei P_{hold} = 50%*P_{YAG}, τ_{cool} = 5 ms und unterschiedlichen τ_{hold} erzeugt worden sind. Bei Einschweißtiefen kleiner 250 µm und τ_{hold} > 2 ms können rissfreie Punktschweißungen erzeugt werden. Im Vergleich zu der RD-Pulsform wird auch mit der SD-Pulsform und τ_{cool} = 5 ms eine deutliche Rissreduzierung im Tiefschweißregime erreicht.

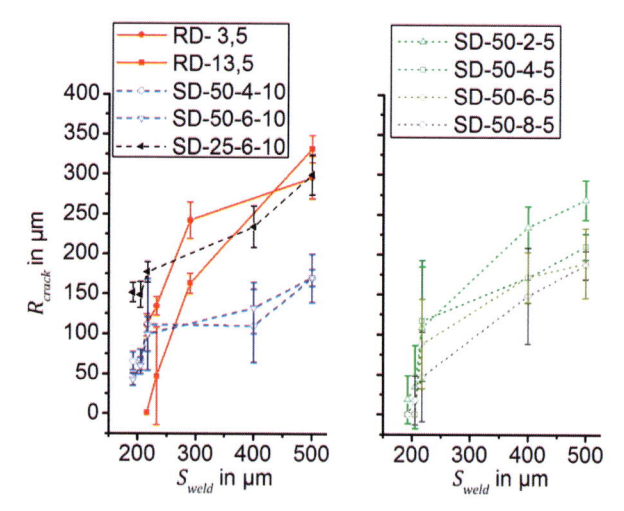

Abbildung 8-9: Heißrissanfälligkeit: Vergleich der RD und SD-Pulsform [3]

In Kapitel 7.2 ist festgestellt worden, dass für die Rissheilung im Tiefschweißregime der Rissradius unterhalb von 185 µm sein muss. In diesem Bereich liegen die erzielten Rissradien für die SD-Pulsform. Somit können mit dieser Pulsform rissfreie Schweißnähte im Tiefschweißregime hergestellt werden. Aufsichten und Querschliffe von Nahtschweißungen, die mit der SD-50-6-10 Pulsform geschweißt worden sind, werden in Abbildung 8-10 gezeigt, wobei in a) eine Wärmeleitungs- und in b) eine Tiefschweißung abgebildet ist.

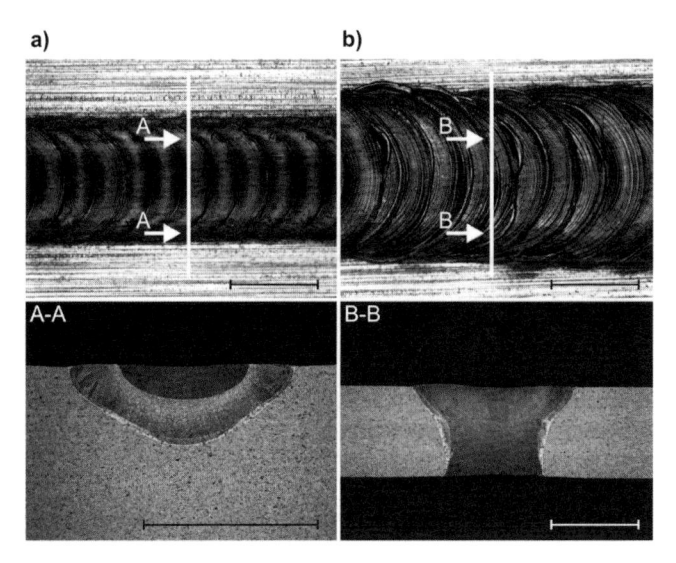

Abbildung 8-10: Aufsicht und Querschliffe auf Schweißnähte mit v =40 mm/min, f_{Rep} = 4 Hz, SD-50-6-10: a) P_{YAG} = 1,7 kW und b) P_{YAG} = 1,9 kW; Skala = 0,5 mm

8.2.2 Erstarrungsprozess

Um die Annahmen und Wirkungsweise der SD-Pulsform zu bestätigen, ist der Erstarrungsprozess mit der *in-situ* Systemtechnik aufgenommen worden und im Nachgang Schliffbilder von ausgewählten Schweißungen angefertigt worden. Für die Bewertung werden die SD-50-6-10 und die SD-50-6-5 Pulsformen verwendet, weil mit diesen Pulsformen eine Reduzierung der Heißrissbildung gegenüber der RD-Pulsform erreicht wird. Die SD-25-6-10 Pulsform wird nicht tiefgehend untersucht, da keine Rissreduzierung erreicht wird. Hochgeschwindigkeitsaufnahmen haben gezeigt, dass mit dieser Pulsform erzeugte Punktschweißungen bei hoher V_{SL} kurz nach t = 4 ms erstarren. Somit wird davon ausgegangen, dass das P_{hold} Niveau zu gering ist und eine hohe Dehnungsrate wirkt.

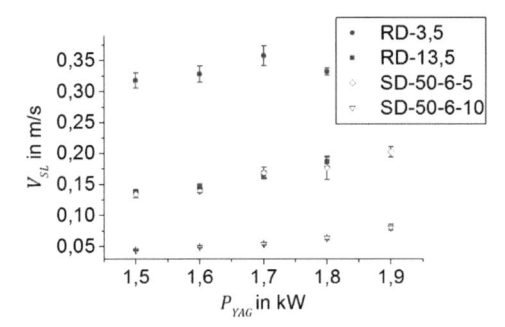

Abbildung 8-11: Erstarrungsgeschwindigkeit gegen Ende der Erstarrung [3]

Für die im Detail untersuchten Pulsformen wird zuerst die Erstarrungsgeschwindigkeiten gegen Ende der Erstarrung verglichen. Dies wird in Abbildung 8-11 gezeigt. V_{SL} wird gemäß der Formeln 5-1 und 5-2 bestimmt.

Schweißpunkte, die mit RD-3,5 produziert werden, erstarren bei hoher V_{SL}. In Abschnitt 7.1.1 wird hieraus die hohe Heißrissanfälligkeit abgeleitet. Die Pulsform SD-50-6-10 führt zu V_{SL} < 0,1 m/s. Diese Pulsform erzeugt im gesamten untersuchten Parameterbereich Heißrisse in den Punktschweißungen. Der Rissmechanismus kann auf die erhöhte Wasserstoffseigerung an der Erstarrungsfront zurückgeführt werden. Dieser Mechanismus wird in Abschnitt 7.1.4 anhand der RD-Pulsform genauer erläutert. Auch bei der SD-Pulsform entsteht für V_{SL} < 0,1 m/s eine charakteristische poröse Schweißpunktmitte. Dies deutet auf eine mit Wasserstoff angereicherte Restschmelze gegen Ende der Erstarrung hin. Dazu werden in Abbildung 8-12 REM-Aufnahmen von Schweißpunkten gezeigt, die mit den Pulsformen SD-50-6-5 und SD-50-6-10 mit P_{YAG} = 1,5 kW erzeugt worden sind. Dieser Rissmechanismus erzeugt in der Regel kleine Rissradien, wodurch die Rissbildung innerhalb von Nahtschweißungen ausgeheilt werden kann. Bei Punktschweißungen und dem letzten Schweißpunkt innerhalb einer Naht muss dieser Rissmechanismus jedoch berücksichtigt werden.

Die Pulsformen SD-50-6-5 und RD-13,5 erzeugen nahezu identische Werte für V_{SL}, weshalb V_{SL} bzw. die Dehnungsrate nicht als Grund für die reduzierte Heißrissanfälligkeit im Tiefschweißregime angeführt werden kann.

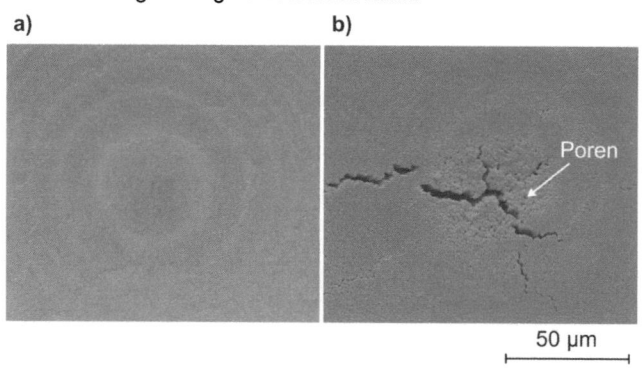

Abbildung 8-12: Schweißpunktmitte mit P_{YAG} = 1,5 kW: a) SD-50-6-5 und b) SD-50-6-10

Zu Beginn dieses Kapitels wird angenommen, dass die SD-Pulsform die Heißrissbildung verringert, indem Dehnungen (Erstarrungsschrumpfung und lineare thermische Dehnung) zu Beginn der Erstarrung abgebaut werden. Diese Wirkungsweise wird im Folgenden durch den Verlauf der Maximaltemperatur, des Temperaturgradienten und des Schmelzbaddurchmessers bewertet. Die Bewertung wird anhand von Tiefschweißungen der RD- und SD-Pulsformen vorgenommen. Der Erstarrungsverlauf wird für die Erklärung in drei Phasen anhand von definierten Temperaturbereichen unterteilt. Dabei beziehen sich die Temperaturen jeweils auf die Maximaltemperatur in der Schweißpunktmitte:

- Phase 1: Diese Phase startet zu dem Zeitpunkt, wenn die Dampfkapillare zusammenfällt und die Temperatur ausgehend von der Verdampfungstemperatur (T = 2470 °C) zu sinken beginnt. Die Phase endet bei T = 1500 °C.
- Phase 2: Diese Erstarrungsphase erstreckt sich von T = 1500 °C bis T = 1000 °C.
- Phase 3: Das Ende der Erstarrung wird durch Phase 3 beschrieben, in der T < 1000 °C ist.

Das zeitliche Wirken von Erstarrungsschrumpfungen kann aus dem Verlauf des Schmelzbaddurchmessers abgeleitet werden. Dazu wird die Veränderung des Schmelzdurchmessers (Δd_{molten}) in Bezug auf die einzelnen Phasen bzw. Temperaturbereiche betrachtet. Der Verlauf der Temperatur und des Schmelzdurchmessers werden in Abbildung 8-13 für die SD-50-6-10-1,9; SD-50-6-5-1,9 und RD-13,5-1,8 gezeigt. Diese Parameter produzieren vollständige Durchschweißungen der Aluminiumbleche bei ähnlichen Schweißpunktdurchmessern. Die SD-50-6-5-1,9 ist jeweils nur ab t = 10 ms dargestellt, da die SD-Pulsformen vor diesem Zeitpunkt identisch sind. Im unteren Diagramm sind die Temperaturverläufe und die einzelnen Phasen eingetragen.

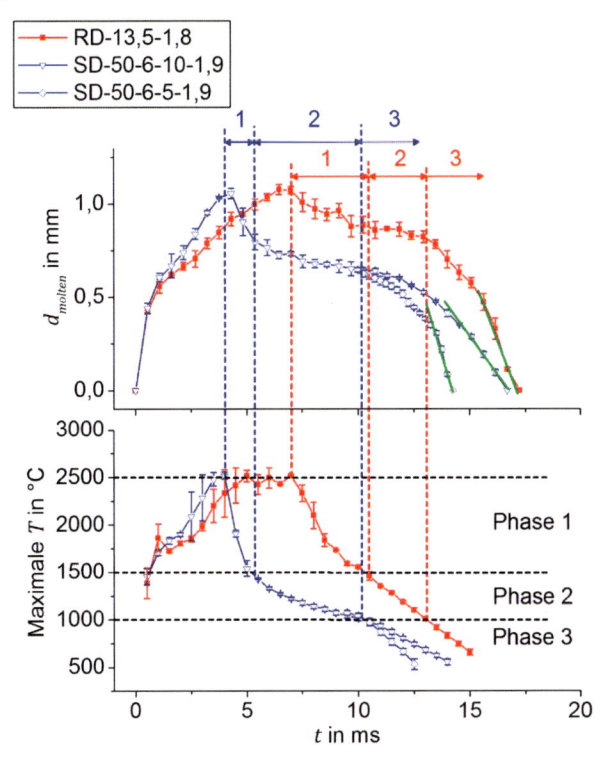

Abbildung 8-13: Temperatur und Schmelzdurchmesser in Abhängigkeit der Zeit [3]

Die Erstarrungsphasen werden durch die Temperaturverläufe auf das obere Diagramm mit dem Schmelzbaddurchmesser projiziert. In Phase 3 erstarrt der Schweißpunkt vollständig. In dieser Phase wird aufgrund der Hochgeschwindigkeitsaufnahmen aus Abbildung 6-5 auch die Rissinitiierung erwartet. Da die Temperaturmessung unterhalb von 1000°C fehlerbehaftet ist, wird V_{SL} verwendet, um die Erstarrungsprozesse in dieser Phase zu vergleichen. V_{SL} kann über die Steigung der grünen Geraden berechnet werden. Dies wird bereits in Abbildung 8-11 vorgestellt. V_{SL} ist für RD-13,5 und SD-50-6-5 nahezu identisch. Aus diesem Grund muss der rissminimierende Effekt der SD-Pulsform erwartungsgemäß vor Phase 3 bzw. ab dem Erstarrungsbeginn wirken.

Aus dem Diagramm können die Dauer der einzelnen Phasen und die Veränderung des Schmelzbaddurchmessers innerhalb der Phasen entnommen werden. Diese sind in Tabelle 8-2 aufgeführt. Zudem sind die Daten von RD-16-1,8 in der Tabelle enthalten, die aus der Abbildung 6-11 und den Rohdaten der Abbildung 8-6 extrahiert worden sind.

Tabelle 8-2: Erstarrungsparameter

	RD-13,5 (16)-1,8		SD-50-6-10 (5)-1,9	
Phase	Dauer in ms	Δd_{molten} in mm	Dauer in ms	Δd_{molten} in mm
1	4 (3,5)	0,19 (0,2)	2	0,25
2	2,5 (3)	0,07 (0,1)	5	0,16
3	4,25 (6)	0,82 (0,84)	6,7 (4,25)	0,64

Phase 1 hat für die SD-Pulsform eine deutlich kürzere Dauer, woraus eine höhere Abkühlrate zu Beginn der Erstarrung resultiert. Zudem verringert sich d_{molten} für die SD-Pulsform um einen größeren Wert. Phase 2 wird mit der SD-Pulsform über eine längere Dauer bzw. mit einer kleineren Abkühlrate durchlaufen. Auch in dieser Phase kommt es mit der SD-Pulsform zu einem größeren Δd_{molten}. In Phase 3 entsteht die größte Verringerung des Schmelzbaddurchmessers. Hier ist Δd_{molten} für die SD-Pulsform aufgrund der Veränderungen in den vorherigen Phasen deutlich kleiner als für die RD-Pulsform. Dehnungen, die aus Erstarrungsschrumpfungen resultieren, sind somit für die SD-Pulsform in Phase 3 auf einem geringeren Niveau. Das ist das Resultat der hohen Abkühlrate in Phase 1, die durch den Sprung von P_{YAG} auf P_{hold} erreicht wird. Eine hohe Abkühlrate verursacht gemäß der Formel 2-10 eine hohe Dehnungsrate und gemäß der Formel 2-8 eine feine dendritische Struktur. Die heißrissfördernden Bedingungen werden zu diesem frühen Erstarrungszeitpunkt durch einen hohen Schmelzanteil kompensiert.

Ein relativer Vergleich der linearen thermischen Dehnung des Grundwerkstoffes kann aus dem Temperaturprofil bzw. G_{SL} abgeleitet werden. G_{SL} wird diesbezüglich in Abhängigkeit der Maximaltemperatur in der Schweißpunktmitte und den drei Phasen dargestellt, Abbildung 8-14. Ein hoher G_{SL} bedeutet, dass ein steiles Temperaturprofil vorliegt und die Temperaturen in Richtung Grundwerkstoff stärker abnehmen. Für einen hohen G_{SL} liegt eine geringere lineare thermische Dehnung im Grundwerkstoff vor, die beim Abkühlen auf den erstarrenden Schweißpunkt wirkt. Die SD-Pulsform erzeugt während Phase 2 und zu Beginn von Phase 3 einen höheren G_{SL} als die RD-Pulsform. Somit liegt für die SD-Pulsform im Erstarrungsverlauf nach Phase 1 weniger lineare thermische Dehnung im Grundwerkstoff vor. Es ist davon auszugehen, dass der Abbau der linearen thermischen Dehnung auch durch die hohe Abkühlrate in Phase 1 verursacht wird.

Folglich ist bewiesen worden, dass für die SD-Pulsform zu Erstarrungsbeginn ein großer Anteil an Erstarrungsschrumpfung und linearer thermischer Dehnung wirken. Der hauptsächlich schmelzflüssige Schweißpunkt kann diesen Verformungen widerstehen. Zum heißrisskritischen Erstarrungsende mit hohem Feststoffanteil wirken dann weniger Dehnungen, wodurch die geringere Heißrissanfälligkeit dieser Pulsform begründet wird.

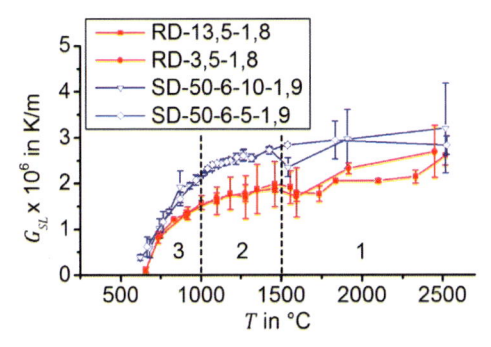

Abbildung 8-14: G_{SL} in Abhängigkeit der Temperatur in der Schweißpunktmitte [3]

Auch die DP-Pulsform hat die Heißrissanfälligkeit im Vergleich zur RD-Pulsform verringert. In diesem Fall wird ein kleinerer Temperaturgradient im Erstarrungsverlauf erzeugt. Hier wird der umgekehrte Effekt erzielt, indem die lineare thermische Ausdehnung des Grundwerkstoffes zeitlich definiert erhöht wird, um den Schrumpfungsvorgängen entgegenzuwirken.

Der Verlauf der drei Erstarrungsphasen lässt sich auch in den Schliffbildern erkennen, die in Abbildung 8-15 veranschaulicht werden. In beiden Schliffbildern werden Aufsichten auf Nahtschweißungen mit überlappenden Schweißpunkten gezeigt. Es wird jeweils der Bereich zwischen zwei Schweißpunktgrenzen entlang der Schweißmittellinie dargestellt. Die Erstarrungsrichtung verläuft von links nach rechts und wird auch durch den Pfeil mit V_{SL} angedeutet. Die Zahlen 1,2 und 3 repräsentieren die einzelnen Phasen. In Abb. 8-15 a) ist der Erstarrungsverlauf der RD-Pulsform ersichtlich. Zu Beginn der Erstarrung, linke Schweißpunktgrenze, entsteht eine gröbere dendritische Struktur, die mit zunehmender Erstarrung feiner wird. Durch die SD-Pulsform entsteht eine andere Mikrostruktur, Abb.8-15 b). Diese ist zu Beginn der Erstarrung sehr fein, was durch die hohe Abkühlrate in Phase 1 verursacht wird. In Phase 2 liegt eine geringe Abkühlrate vor. Dies spiegelt sich in der gröber werdenden Mikrostruktur wieder. In Phase 3 nimmt die Abkühlrate bzw. Erstarrungsgeschwindigkeit wieder zu, wodurch die dendritische Mikrostruktur erneut feiner wird.

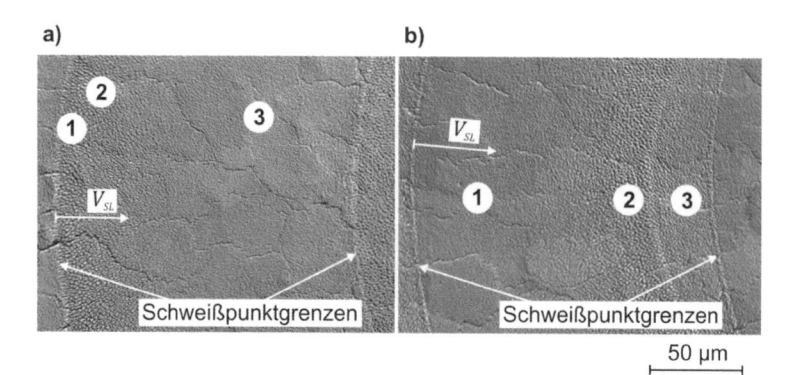

Abbildung 8-15: Korngrenzschliffbild einer Schweißnaht, P_{YAG} = 1,6 kW: a) RD-13,5 und b) SD-50-6-5 [3]

8.3 Automatisierte Heißrisserkennung

Zusätzlich zu den grundlegenden Untersuchungen zur Heißrissbildung und den abgeleiteten Gegenmaßnahmen, soll eine automatisierte Heißrisserkennung durch ein LabView-basiertes Bilderkennungsverfahren entwickelt werden. Dazu wird die VIS-Kamera aus Tabelle 5-3 eingesetzt. Die Ergebnisse, die in diesem Abschnitt dazu dargestellt werden, sind in Zusammenarbeit mit Herrn Daniel Albrecht erarbeitet worden und können in ausführlicher Form in seiner Masterarbeit „Entwicklung einer kamerabasierten Qualitätskontrolle für das gepulste Laser-Mikroschweißen von Aluminium" nachvollzogen werden [ALB13].

In Abschnitt 7.2 werden die Bedingungen für die Rissbildung entlang von Nahtschweißungen erläutert. Liegt in einem Schweißpunkt die Rissbildung außerhalb des nächsten überlappenden Schweißpunktes vor, so ist die Nahtschweißung definitiv rissbehaftet. Somit sollte die Heißrisserkennung den äußeren Rand des Schweißpunktes auswerten, der nicht von einem darauffolgenden Schweißpunkt umschmolzen wird. Im ersten Schritt muss dieser auszuwertende Bereich ermittelt werden. Zur Vereinfachung wird die Lage der Laserfokusposition als bekannt angenommen. Für den Schweißpunkt wird vorausgesetzt, dass dieser kreisförmig ist. Um den äußeren Bereich des letzten erzeugten Schweißpunktes zu identifizieren, wird die Schweißnaht, wie in Abbildung 5-1 dargestellt, direkt beleuchtet. Da die Schweißpunkte eine kraterförmige Oberflächentopographie aufweisen, reflektieren die Schweißpunktränder das Licht der Beleuchtungsquelle direkt in die Kamera und weisen somit einen höheren Grauwert in den aufgenommen Bildern auf. Die Bilder werden jeweils zwischen den Laserpulsen aufgenommen, damit keine Prozessstrahlung die Szenerie überstrahlt.

In den aufgenommen Bildern wird der Grauwertverlauf entlang von acht Linien ausgelesen. Diese Linien sind so angeordnet, dass die Außenränder des letzten Schweißpunktes ausgewertet werden. Eine Beispielaufnahme mit den acht Linien ist in Abbildung 8-16 dargestellt. Die Grauwertverläufe entlang der Linien sind unterhalb der Beispielaufnahme dargestellt. Innerhalb der Grauwertverläufe ist eine waagerechte Linie eingetragen, die als „fallende Flanke" bezeichnet wird. Diese Linie ist eine Schwelle für den Grauwert. Das bedeutet, dass nur Grauwerte berücksichtigt werden, die größer als diese Schwelle sind. Der Schwellwert ergibt sich aus dem Grauwerthistogramm, auf dessen Darstellung hier verzichtet wird. Im Grauwerthistogramm liegen zwei Hochpunkte vor. Der Hochpunkt bei dem geringeren Grauwert repräsentiert den Bildhintergrund und der zweite Hochpunkt bei höherem Grauwert die hellen Bereiche des Schweißpunktes. Der Schwellwert wird auf die fallende Flanke des ersten Hochpunktes gelegt. Durch die Schwelle wird sichergestellt, dass das Verfahren robust gegenüber variierender Beleuchtung ist und dass innerhalb der Schweißpunkterkennung nur die hellen Bereiche berücksichtigt werden und Hintergrundrauschen ausgeblendet wird.

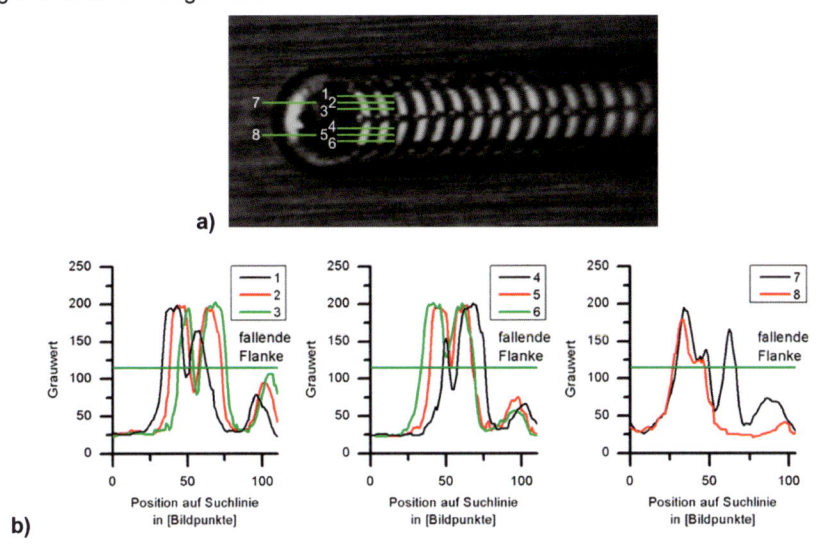

Abbildung 8-16: Schweißpunkterkennung a) Aufnahme einer Schweißnaht mit RD-Pulsform, f_{Rep} = 4 Hz, v = 40 mm/min, P_{YAG} = 1,6 kW und τ_{cool} = 3,5 ms; b) Grauwertverläufe entlang der Linien [ALB13, 9]

Entlang der Grauwertverläufe, Abb.8-16 b), werden somit nur Grauwerte oberhalb der Schwelle (fallende Flanke) ausgewertet. Die Grauwertverläufe der Linien 1 bis 6 weisen zwei Maxima auf. Diese korrespondieren mit den hellen Bereichen auf den letzten beiden Schweißpunkten. Die Linien 7 und 8 weisen ein Maximum auf, da die Linien nur den Schweißpunktaußenrand des letzten Schweißpunktes berücksichtigen. Um den letzten Schweißpunkt zu identifizieren, wird innerhalb der Grauwertverläufe nach dem ersten Maximum gesucht. Die Suchrichtung ist dabei von links nach rechts (entgegen der Schweißrichtung). Anhand der gefundenen Maxima wird ein Kreis durch die Methode der kleinsten Fehlerquadrate approximiert. Der gefundene Kreis stellt den Schweißpunktaußenrand dar. Auf einem definierten Bereich des Kreises, bezeichnet als Risslinie, wird dann die Risssuche durchgeführt. Hierbei wird das Kreissegment ausgewertet, das vom anschließenden Schweißpunkt nicht umgeschmolzen wird. Das im Programm ausgewertete Kreissegment hat einen Winkel von ±65° bezogen auf die Schweißvorschubrichtung. Um Fehlauswertungen durch Bildrauschen zu minimieren, wird der Grauwertverlauf des Kreissegments aus drei Kreissegmenten gemittelt. Hierbei wird das approximierte Kreissegment und zwei weitere Kreissegmente verwendet, die ± 3 Pixel Abstand von dem approximierten Kreissegment haben.

In Abbildung 8-17 a) sind drei Aufnahmen von Schweißnähten dargestellt, die mit unterschiedlicher Pulsspitzenleistung geschweißt worden sind. In den Aufnahmen sind jeweils die Risslinie und der approximierte Mittelpunkt des Schweißpunktes eingezeichnet. Um Rissbildung zu identifizieren, wird der Grauwertverlauf entlang der Risslinie betrachtet. Die Grauwertverläufe werden unterhalb der Aufnahmen in Abb. 8-17 b) gezeigt.

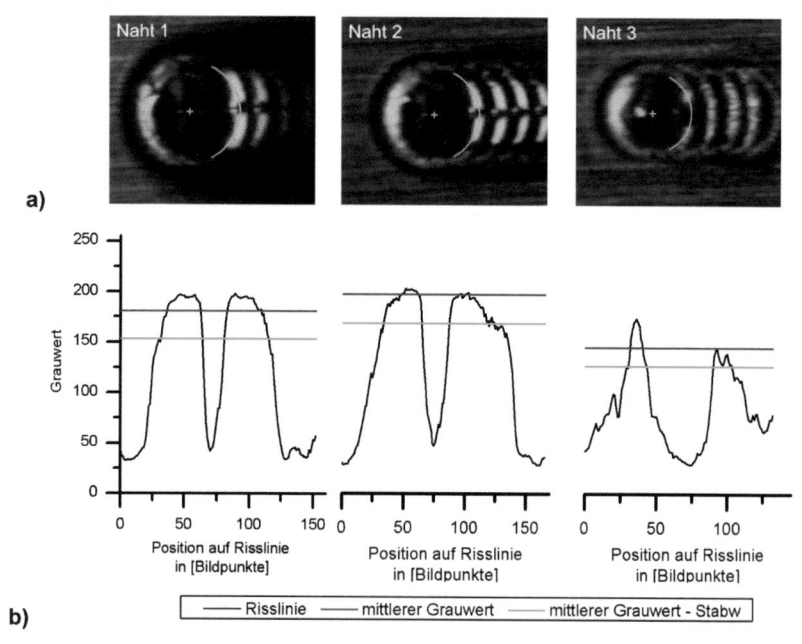

Abbildung 8-17: Risserkennung in Schweißnähten mit RD-Pulsform, f_{Rep} = 4 Hz, v = 40 mm/min und τ_{cool} = 3,5 ms: a) Naht 1: P_{YAG} = 1,7 kW; Naht 2: P_{YAG} = 1,6 kW; Naht 3: P_{YAG} = 1,2 kW; b) Korrespondierende Grauwertverläufe entlang der Risslinie [ALB13, 9]

In den Schweißnähten ist jeweils Rissbildung ersichtlich. In den Grauwertverläufen nimmt der Grauwert im Bereich des Risses deutlich ab, da die Lichtreflektion unterbrochen ist. Da der Grauwert auch in den Außenbereichen des Schweißpunktes abnimmt, welches dem Start und Ende des Kreissegmentes entspricht, muss dieser Bereich innerhalb der Risserkennung ausgelassen werden. In Bezug auf die in dieser Arbeit untersuchten Laserparameter hat sich der mittlere Grauwert der Kreisberechnung abzüglich der Standardabweichung (grüne Linie) als robuste Schwelle zum Beschneiden der Außenbereiche herausgestellt. Der mittlere Grauwert und die Standardabweichung werden aus den acht Werten der gefundenen Maxima der Schweißpunktlageerkennung (Abb. 8-16) berechnet.

Innerhalb des eingegrenzten Bereiches der Risslinie wird die Rissidentifikation durch das Unterschreiten einer Grauwertschwelle (Risskriterium) durchgeführt. Da das Erscheinungsbild der Schweißnaht und somit die Lichtreflektion entlang des Schweißpunktaußenrandes abhängig von den Laserparametern sind, werden zwei Risskriterien definiert, um Fehlauswertungen zu minimieren. So weisen kleinere Schweißpunkte, die mit geringeren Pulsspitzenleistungen erzeugt werden, eine höhere Varianz innerhalb der Risslinie auf. Aus diesem Grund werden die zwei Risskriterien in Abhängigkeit der Varianz des Grauwertes der beschnittenen Risslinie definiert. Eine Grenzvarianz des Grauwertes von 800 erwies sich als robust in Bezug auf die durchgeführten Schweißuntersuchungen. In Abbildung 8-18 a) werden die Auswertungen von drei Schweißnähten gezeigt, die mit unterschiedlichen Laserparametern geschweißt worden sind.

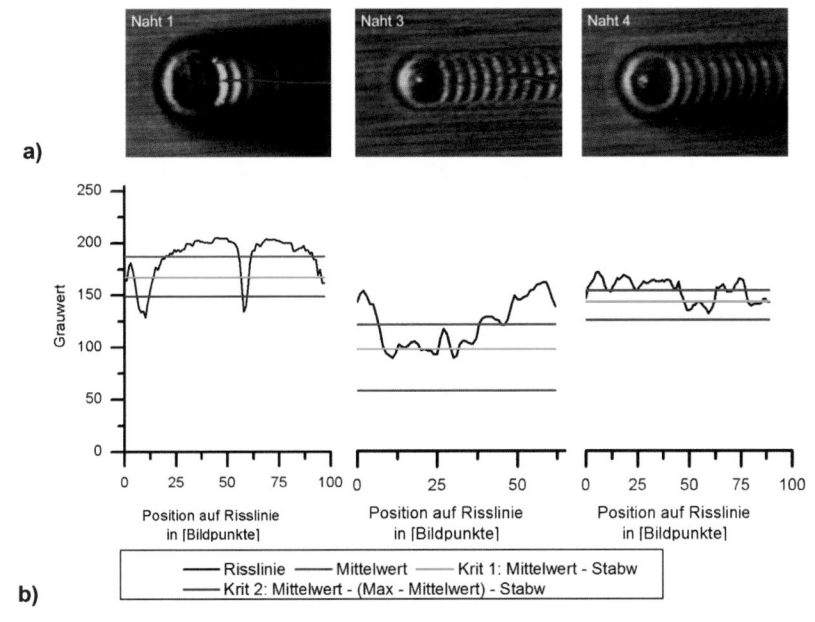

Abbildung 8-18: Risserkennung in Schweißnähten mit RD-Pulsform, f_{Rep} = 4 Hz und v = 40 mm/min: a) Naht 1: P_{YAG} = 1,7 kW, τ_{cool} = 3,5 ms; Naht 3: P_{YAG} = 1,2 kW, τ_{cool} = 3,5 ms; Naht 4: P_{YAG} = 1,4 kW, τ_{cool} = 13,5 ms; b) Korrespondierende Grauwertverläufe entlang der Risslinie [ALB13, 9]

In Abbildung 8-18 b) sind die korrespondierenden Grauwertverläufe des letzten Schweißpunktes und die zwei Risskriterien dargestellt. Unterschreitet der Grauwertverlauf der Risslinie den Wert des Risskriteriums, identifiziert das Programm an dieser Stelle einen Riss, das in der Aufnahme durch eine rote Linie gekennzeichnet wird. Risskriterium 1 wird bei Varianzen größer 800 und Risskriterium 2 bei Varianzen unterhalb von 800 verwendet. Der Grauwert von Risskriterium 1 errechnet sich aus dem Mittelwert der Risslinie abzüglich der Standardabweichung. Bei Risskriterium 2 wird zusätzlich die Differenz aus Maximalwert und Mittelwert abgezogen. Beide Risskriterien sind in der Legende von Abbildung 8-18 b) ersichtlich. In den dargestellten Grauwertverläufen wird aufgrund einer Varianz des Grauwertes < 800 jeweils Risskriterium 2 angewendet. Bei Naht 1, die eine durchgängige Rissbildung innerhalb der Nahtmitte aufweist, wird im letzten Schweißpunkt das Risskriterium 2 an zwei Stellen unterschritten, die in der Aufnahme rot gekennzeichnet werden. Naht 2, die in Abb. 8-17 gezeigt wird, wird hier aufgrund der Ähnlichkeit zu Naht 1 ausgelassen. Naht 3 ist partiell gerissen, wobei der rissbehaftete Teil der Schweißnaht rot gekennzeichnet ist. Im letzten Schweißpunkt ist kein Riss vorhanden, weshalb das angewendete Risskriterium 2 nicht unterschritten wird. Die Naht 4 ist rissfrei. Im letzten Schweißpunkt wird das Risskriterium 2 an keiner Stelle unterschritten. Die Ergebnisse verdeutlichen die Wirkungsweise des Heißrisserkennungsverfahrens. Bei Übertragung der Ergebnisse muss ein besonderes Augenmerk auf die Definition des Risskriteriums gelegt werden, das in dieser Arbeit an die Schweißapplikation und das eingesetzten Schweißsystems angepasst worden ist.

8.4 Übertragung auf Musterapplikation und Wirtschaftlichkeit

In diesem Abschnitt wird gezeigt, wie auf Basis der gewonnenen Erkenntnisse, die auf Blindschweißungen beruhen, industriell relevante Schweißverbindungen erzeugt werden können. Dazu sind Stumpfstöße geschweißt worden, welches eine häufig anzutreffende Stoßgeometrie ist. Weiterhin ist ein Gehäuse angefertigt worden, das mit einem Deckel dichtgeschweißt worden ist. Dies entspricht einer typischen Schweißaufgabe, die mit gepulsten Lasersystemen durchgeführt wird.

8.4.1 Stumpfstoßschweißen

Die in Kapitel 8 entwickelten Prozessparameter zum rissfreien Durchschweißen der Aluminiumbleche mit der DP- und SD-Pulsform werden in diesem Abschnitt an Nahtschweißungen im Stumpfstoß erprobt. In Abbildung 8-19 sind zwei Schweißnähte, links mit RD-Pulsform geschweißt und rechts mit DP-Pulsform geschweißt, dargestellt. Die DP-Pulsform erzeugt dabei eine rissfreie Naht, wohingegen mit der RD-Pulsform ein Riss entlang der gesamten Schweißnaht ersichtlich ist. Weiterhin sind die Schweißverbindungen, wie in Abschnitt 5.5 erläutert, einem Zugversuch unterzogen worden. Zum Vergleich ist auch der Grundwerkstoff getestet worden. Abbildung 8-20 zeigt den Spannungsverlauf in Bezug auf den Zugweg für die Schweißverbindungen der RD-, SD- und DP-Pulsform. Alle Proben sind im Zugversuch jeweils innerhalb der Schweißnaht ausgefallen. Aufgrund der beträchtlichen Heißrissbildung entlang der RD-Schweißnähte können diese Verbindungen kaum Kräfte aufnehmen. Die SD- und DP-Pulsformen erzeugen Schweißnähte mit ähnlichen mechanischen Kennwerten. Die Schweißnähte versagen bei einem Zugweg von ungefähr 1 mm. Dabei wird eine Zugspannung von 160 – 170 N/mm² erreicht. Im Vergleich dazu versagt der Grundwerkstoff bei einer maximalen Spannung von 320 N/mm² und einem deutlich größeren Zugweg von über 6 mm. Die im Vergleich zu dem Grundwerkstoff reduzierte Zugspannung der Schweißnähte, die mit DP- und SD-Pulsform geschweißt werden, resultiert aus zwei Tatsachen: Zum einen sind die Schweißverbindungen keiner nachfolgenden Wärmebehandlung unterzogen worden.

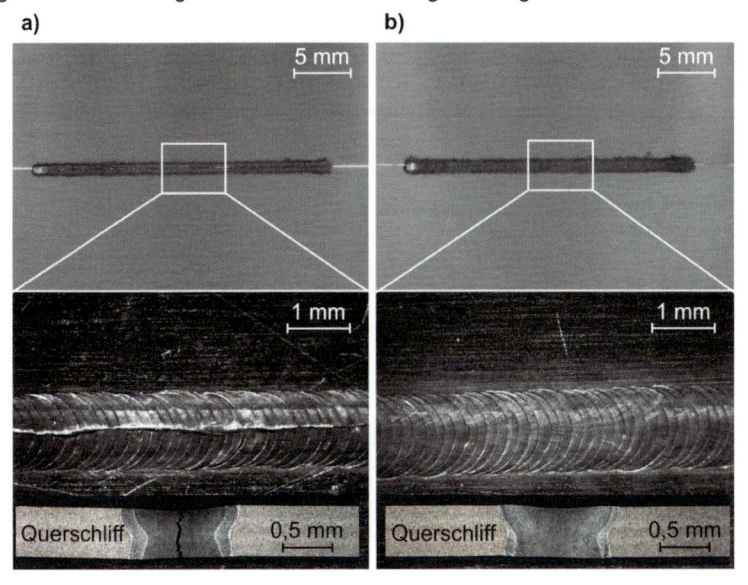

Abbildung 8-19: Nahtschweißung im Stumpfstoß: v = 40 mm/min, f_{Rep} = 4 Hz, P_{YAG} = 1,8 kW, τ_{cool} = 16 ms; a) RD-Pulsform und b) DP-Pulsform mit τ_{diode} = 10 ms, τ_{delay} = 14 ms und P_{Diode} = 300 W [12]

Durch die im Schweißprozess eingebrachte Wärme reduziert sich in der Regel die Festigkeit von aushärtbaren Aluminiumlegierungen. Zum anderen kann nicht ausgeschlossen werden, dass Volumenrisse mit kleinen geometrischen Ausprägungen vorhanden sind und dadurch der Verbindungsquerschnitt herabgesetzt wird.

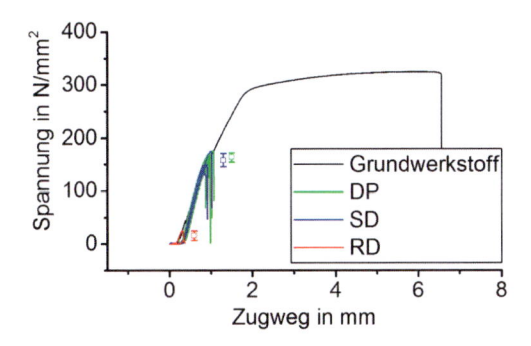

Abbildung 8-20: Zugversuch, Ziehgeschwindigkeit 10 mm/min [12]

Diese können in Querschliffen nur zufällig nachgewiesen werden. Um dies zu überprüfen, werden die Bruchflächen der Zugproben begutachtet. Abbildung 8-21 zeigt die Bruchflächen der Nahtschweißung, die aus der RD-Pulsform resultiert (a) und die Bruchfläche des Grundwerkstoffes (b). Die Bruchfläche der RD-Pulsform hat einen geradlinienförmigen Verlauf, der dem Rissverlauf folgt. Auf der Bruchfläche können die Schmelzlinien der frei erstarrten Dendriten nachvollzogen werden, die bei Erstarrungsrissen ersichtlich sind. Da diese einen sehr großen Anteil auf der Bruchfläche ausmachen, besteht nach dem Schweißen nur eine geringe Anbindungsfläche. Dies erklärt die geringe maximale Zugspannung im Zugversuch. Auf der Bruchfläche ist ein periodisches Muster vorhanden, das aus dem gepulsten Schweißprozess hervorgeht. Die periodisch auftretenden Halbkreise sind jeweils die Außenbereiche der einzelnen überlappenden Schweißpunkte. Die Bruchfläche des Grundwerkstoffes, Abb. 8-21 b), weist eine wabenförmige Struktur auf, die sich typischerweise bei duktilen Metallen beim Gewaltbruch ausbildet.

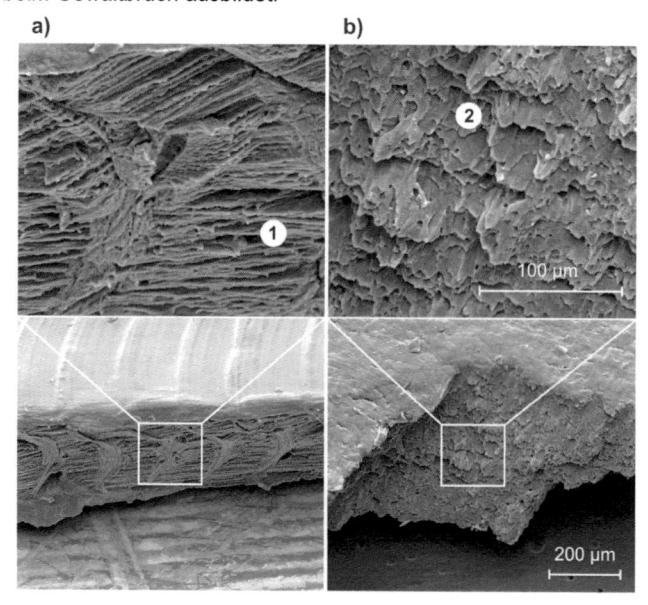

Abbildung 8-21: Bruchflächen: a) RD-Pulsform und b) Grundwerkstoff, 1: Frei erstarrter Bereich (Heißriss) und 2: Wabenstruktur [12]

In Abbildung 8-22 ist die Bruchfläche einer Schweißverbindung dargestellt, die mit der DP-Pulsform geschweißt worden ist. Die Bruchfläche weist, makroskopisch betrachtet, eine typische wabenförmige Struktur eines duktilen Gewaltbruchs auf. Dies kann der Detailaufnahme in Abb. 8-22 b) entnommen werden. Jedoch können vereinzelt Risse im Volumen (frei erstarrte Bereiche) festgestellt werden, die sich auf kleine Flächen (< 100 x 100 µm²) begrenzen. Ein solcher Bereich ist in der Detailaufnahme, Abb. 8-22 a) mit (1), markiert. Diese lokalen Imperfektionen können neben der fehlenden Wärmebehandlung dafür verantwortlich sein, dass die Schweißnähte eine verminderte Festigkeit gegenüber dem Grundwerkstoff aufweisen.

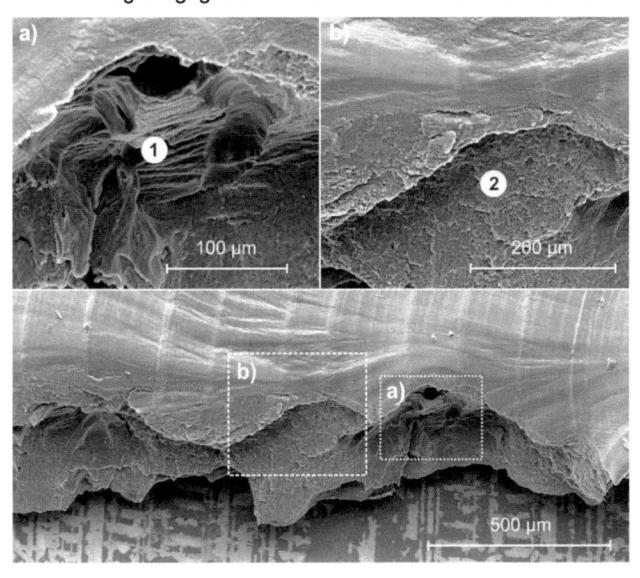

Abbildung 8-22: Bruchfläche von Nahtschweißung mit DP-Pulsform: 1: Freierstarrter Bereich (Heißriss im Volumen), 2: Wabenstruktur [12]

8.4.2 Gehäusedichtschweißung

Für die Dichtschweißung ist das Prozessfenster aus Abbildung 7-20 in Kombination mit den Erkenntnissen aus Abschnitt 7.2.1 angewendet worden. Aufgrund der Dichtigkeitsanforderung ist es besonders wichtig, dass neben der Schweißnaht auch der letzte Schweißpunkt rissfrei ist. Dieser wird von keinem Folgepuls umgeschmolzen und muss aus diesem Grund in dem rissfreien Prozessbereich liegen. Entlang der Schweißnaht kann mit Parametern geschweißt werden, die rissbehaftet sind. Diese werden durch einen geeigneten Pulsüberlapp vom Nachfolgelaserpuls geheilt. Gegen Ende der Schweißung, wenn der Anfang der Schweißnaht wieder aufgeschmolzen wird, muss die Pulsenergie der Laserpulse graduell herunter gefahren werden, damit der letzte Schweißpunkt im rissfreien Prozessregime liegt und die Dichtigkeit der Schweißnaht gegeben ist. Diese Vorgehensweise wird als „Pulsramping" bezeichnet. Abbildung 8-23 zeigt die Gehäusedichtschweißung. In Abb. 8-23 a) wird der Schweißprozess ohne „Pulsramping" gezeigt. Entlang der Schweißnaht werden Heißrisse ausgeheilt. Im letzten Schweißpunkt verbleibende Risse verursachen Undichtigkeiten, wodurch dieses Bauteil als Ausschuss anzusehen ist. Mit Hilfe des Prozessfensters für Punktschweißungen und den gewonnenen Erkenntnissen zur Rissheilung, können die Laserpulse für den „Pulsramping" Prozess ausgewählt werden. In Abb.8-23 b) ist die Schweißnaht mit der „Pulsramping" Methode abgeschlossen worden. Die Schweißnaht wird hierbei durch drei Laserpulse (Puls 1 – Puls 3) beendet, sobald der Anfang der Schweißnaht wieder erreicht wird. In diesem Fall sind keine Risse entlang der Schweißnaht und auch keine Risse im letzten Schweißpunkt vorhanden. Das dichtgeschweißte Gehäuse ist mit Druckluft (2 bar) beaufschlagt worden, um die Dichtigkeit nachzuweisen. Diesen Test hat das geschweißte Gehäuse bestanden.

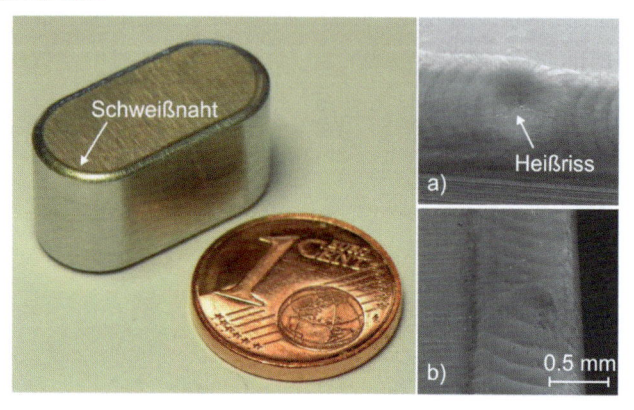

Abbildung 8-23: Gehäusedichtschweißung mit RD-Pulsform: v = 20 mm/min, f_{Rep} = 4 Hz, P_{YAG} = 1,6 kW, τ_{cool} = 13,5 ms; a) Ohne Pulsramping und b) mit Pulsramping: Puls 1: P_{YAG} = 1,4 kW, τ_{cool} = 13,5 ms; Puls 2: P_{YAG} = 1,2 kW, τ_{cool} = 8,5 ms; Puls 3: P_{YAG} = 0,8 kW, τ_{cool} = 8,5 ms [1]

8.4.3 Wirtschaftliche Bewertung und Praxisrelevanz der Erkenntnisse

In den Untersuchungen sind industriell etablierte Laserquellen verwendet worden. Die zeitliche Formung der Laserpulse ist bei aktuell am Markt verfügbaren lampengepumpten Nd:YAG Lasern ein standardmäßig verfügbares Merkmal. Aus diesem Grund können die Erkenntnisse zum grundlegenden Prozessverständnis (Kapitel 6 und 7) und die vorgestellte SD-Pulsform (Abschnitt 8.2) von industriellen Anwendern direkt übernommen werden, um heißrissanfällige Aluminiumlegierungen zu schweißen.

Tabelle 8-3: Kosten für Lasersysteme

Lampengepumter Nd:YAG Laser (200 W)	70 k€
Diodenlaser (300 W)	40 k€
Strahlüberlagerung	15 k€

Für die Anwendung der DP-Pulsform mit der in dieser Arbeit verwendeten Systemtechnik müssten bestehende Schweißstationen aufgerüstet werden. Ein zusätzlicher Diodenlaser sowie die optischen Komponenten zur koaxialen Strahlüberlagerung wären für die Erweiterung notwendig. In Tabelle 8-3 sind die Kosten für einen lampengepumpten gepulsten Nd:YAG Laser, die Kosten für einen Diodenlaser und die Kosten für die Systemkomponenten zur Strahlüberlagerung zusammengefasst. Die Erweiterung der Schweißstation um eine Diodenlaserquelle mit Strahlüberlagerungskomponenten würde die Kosten für die Schweißstation um 80 % steigern. Zusätzlich zu den Investitionskosten ergeben sich aus dem Verfahren zur DP-Pulsform erhöhte Anforderungen an die Justierung des Schweißsystems. Neben der Positionierung des Nd:YAG Laserfokus in Bezug auf das zu schweißende Bauteil, muss auch die Positionierung des Diodenlaserfokus in Bezug auf den Nd:YAG Laserfokus sichergestellt werden. Aufgrund der relativ großen Laserspots wird an dieser Stelle eine hohe Toleranz erwartet.

In Kapitel 8.2 wird gezeigt, dass mit der SD-Pulsform heißrissfreie Schweißnähte erzeugt werden können. Zudem haben die mit der SD-Pulsform geschweißten Stumpfstoßverbindungen eine nahezu identische Festigkeit wie die mit der DP-Pulsform geschweißten Verbindungen. Aus diesem Grund wird davon ausgegangen, dass die SD-Pulsform und die grundlegenden Erkenntnisse zur RD-Pulsform von Industriebetrieben zeitnah übernommen werden, da hierfür keine zusätzliche Ausrüstung benötigt wird.

Für die dargestellte Heißrisserkennung wird ein Kamerasystem benötigt. Diese sind in der Regel Bestandteil von am Markt verfügbaren Laserköpfen. Die Kosten für das in dieser Arbeit eingesetzte Kamerasystem liegen unter 500 €. Für die spezifische Programmierung der Bilderkennung auf den jeweiligen Anwendungsfall werden weitere Entwicklungskosten in Höhe von 10 k€ abgeschätzt.

Aus den Untersuchungen lassen sich mehrere Erkenntnisse für Schweißbetriebe ableiten, die heißrissempfindliche 6XXX Aluminiumlegierungen mit gepulster Laserstrahlung schweißen. Rissfreie Punktschweißungen können im Wärmeleitungsregime produziert werden. Dabei können Einschweißtiefen von bis zu 200 µm und Schweißpunktdurchmesser von bis zu 600 µm erreicht werden. Größere Schweißpunktdimensionen und Tiefschweißungen führen zu radial ausgerichteter Rissbildung, die den Mittelpunkt der Punktschweißung durchdringt. Um Rissbildung innerhalb von Punktschweißungen zu vermeiden, muss die Pulsform, wie in dieser Arbeit in Kapitel 6 und 8 dargestellt, mit einer Abkühlphase versehen werden. Die Abkühldauer des Laserpulses muss in bestimmten Grenzen gewählt werden, da Risse aufgrund der erwähnten Rissbildungsmechanismen sowohl bei kurzen, als auch bei langen Abkühldauern auftreten können.

Da die Rissbildung vornehmlich in der Schweißpunktmitte entsteht, können rissfreie Schweißnähte mit rissbehafteten Schweißpunkten erzeugt werden, weil die rissbehafteten Bereiche durch den folgenden überlappenden Schweißpunkt umgeschmolzen werden können. In Kapitel 8 werden optimierte Pulsformen dargestellt, mit denen 0,5 mm dicke Aluminiumbleche (EN AW 6082-T6) rissfrei im Tiefschweißregime zu Stumpfstößen verschweißt werden können. Die Festigkeit der Schweißverbindung im Schweißzustand entspricht ungefähr der Hälfte der Festigkeit des Grundwerkstoffes. Damit bei Nahtschweißungen auch das Ende der Naht rissfrei ist (kein Endkraterriss), muss die Pulsenergie der letzten Laserpulse graduell heruntergefahren werden, so dass die Risse des Vorgängerpulses umgeschmolzen werden und der letzte Laserpuls einen rissfreien Schweißpunkt generiert.

Das in der Arbeit vorgestellte Heißrisserkennungsverfahren kann die Kosten für die nachträgliche Qualitätskontrolle senken und zudem Ausschuss frühzeitig anzeigen. Das Überwachungsverfahren sollte insbesondere dann eingesetzt werden, wenn Schweißnähte mit rissbehafteten Schweißpunkten erzeugt werden, da in diesem Fall Risse innerhalb der Naht verbleiben können.

9 Zusammenfassung und Ausblick

Das gepulste Laserstrahlschweißen von aushärtbaren Aluminiumlegierungen der 6XXX Legierungsgruppe wird bei dem hermetischen Verpacken von elektrischen und optronischen Komponenten in einem Aluminiumgehäuse benötigt. Hierbei muss die Heißrissbildung unterdrückt werden, die bei diesen Aluminiumlegierungen einen häufig anzutreffenden Schweißdefekt darstellt. Verhindert die Schweißaufgabe die Zufuhr von Zusatzdraht, kann der Heißrissbildung durch die zeitliche und örtliche Steuerung der Laserpulsleistung entgegen gewirkt werden.

In dieser Arbeit wird die Heißrissbildung in einzelnen Punkt- und in Nahtschweißungen mit überlappenden Punktschweißungen repräsentativ anhand der 6082 Aluminiumlegierung untersucht. Für die Heißrissbildung in Punktschweißungen werden die Einflussfaktoren Dehnung, Dehnungsrate, Permeabilität des Erstarrungsgebietes und Wasserstoffseigerungen identifiziert. Die grundlegenden Untersuchungen zur Bewertung der Einflussfaktoren werden mit einer einfachen Pulsform mit Schweiß- und Abkühlphase vollzogen. Die Quantifizierung der Einflussfaktoren wird mittels zeitlich hochaufgelösten Prozessüberwachungskameras und nachfolgenden metallographischen Untersuchungen durchgeführt.

Laserpulse mit kurzen Abkühldauern führen zu hohen Erstarrungsgeschwindigkeiten. Dadurch entstehen hohe Dehnungsraten und feine dendritische Gefüge mit einer geringen Permeabilität, was in einer hohen Heißrissanfälligkeit mündet. Durch längere Abkühldauern können diese Effekte beseitigt werden, wodurch heißrissfreie Schweißpunkte im Wärmeleitungsschweißregime möglich werden. Bei kleinen Pulsspitzenleistungen und langen Abkühldauern verringert sich die Erstarrungsgeschwindigkeit soweit, dass die Seigerung von Wasserstoff an der Phasengrenze begünstigt wird. Dies wird durch die Berechnung des effektiven Segregationskoeffizienten belegt und kann auch in einer porösen Schweißpunktmitte festgestellt werden, in der gegen Ende der Erstarrung die Wasserstofflöslichkeit überschritten wird. Die erhöhte Wasserstoffkonzentration vergrößert das Risiko von innerdendritischen Kavitäten, die als Heißrissinitiierungspunkte dienen. Durch zeitlich hochaufgelöste Prozessaufnahmen kann die Dehnung angenähert werden, die beim Übergang ins Tiefschweißregime überproportional zunimmt. In diesem Schweißregime wird eine erhöhte Heißrissanfälligkeit beobachtet, die unabhängig von der Abkühldauer der verwendeten Laserpulsform ist. Die Dehnung begrenzt somit die rissfreie Einschweißtiefe.

In den Nahtschweißexperimenten wird festgestellt, dass Schweißnähte heißrissfrei sein können, obwohl individuelle Schweißpunkte Risse aufweisen. Hierbei hat sich ein höherer Pulsüberlapp als vorteilhaft erwiesen, da die Risse vom Folgepuls umgeschmolzen und geheilt werden können. Die Prozessaufnahmen von einzelnen Schweißpunkten entlang einer Schweißnaht verdeutlichen, dass die Rissbildung vom Folgepuls geheilt wird, wenn ein kleiner Rissradius vorliegt oder der Riss möglichst senkrecht zur Schweißvorschubrichtung ausgerichtet ist. Zudem kann festgestellt werden, dass die Rissgeometrie im aktuellen Schweißpunkt von der Rissgeometrie des Vorgängerschweißpunktes beeinflusst werden kann. Dies kann zur sukzessiven

Rissradiusvergrößerung über mehrere Schweißpunkte führen und dadurch Risse innerhalb von Nahtschweißungen verursachen, obwohl die Rissbildung in unabhängigen Punktschweißungen im Regime der Rissheilung liegt. Daher ist für die industrielle Anwendung der Erkenntnisse eine Prozessüberwachung zwingend notwendig. In diesem Zusammenhang wird in der Arbeit eine automatisierte Heißrisserkennung vorgestellt, die auf Basis von Prozessaufnahmen Rissbildung nachweisen kann.

Aufbauend auf den Untersuchungen zum Punktschweißen werden Gegenmaßnahmen zur Rissunterdrückung im Tiefschweißregime entwickelt. Dabei muss die Dehnung als begrenzender Einflussfaktor kompensiert werden, um die Rissradien zu verringern. Zwei Konzepte werden vorgestellt: Im ersten Konzept wird mit einem zusätzlichen Diodenlaser geschweißt. Dessen Laserstrahlung wird auf einen größeren Laserfokus fokussiert, der koaxial zur Laserstrahlung des Schweißlasers ausgerichtet ist. Die Laserstrahlung des Diodenlasers wird mit der gleichen Repetitionsrate gepulst überlagert. Der Laserpuls des Diodenlasers wird zu einem definierten Zeitpunkt während des Schweißpulses hinzugeschaltet, um während der Erstarrung den Grundwerkstoff neben dem Schweißpunkt aufzuheizen. Die daraus resultierende Wärmeausdehnung wird genutzt, um den aus dem Schweißprozess stammenden Schrumpfungen entgegen zu wirken. Mit dem Verfahren können heißrissfreie Schweißnähte im Tiefschweißregime erzeugt werden. Im zweiten Konzept wird die Pulsform so angepasst, dass zu Beginn der Erstarrung eine hohe Abkühlrate entsteht. Hierdurch soll die Dehnung zu einem heißrissunempfindlichen Erstarrungszeitpunkt abgebaut werden. Auch mit diesem Ansatz können heißrissfreie Schweißnähte im Tiefschweißregime erstellt werden. Die mit den neuen Konzepten geschweißten Verbindungen erreichen im Zugversuch ungefähr 50 % der Zugfestigkeit des Grundwerkstoffes.

Die Erkenntnisse können zeitnah in industrielle Anwendungen überführt werden, da die benötigte Systemtechnik seit Jahren bei Schweißbetrieben etabliert ist. Die Aufnahmetechnik und Bewertung der Rissausbreitung entlang von Nahtschweißungen sollte für eine neue Prozessregelung genutzt werden. Die Regelung könnte auf Basis der Rissbildung im Schweißpunkt entscheiden, ob die Schweißung fortgeführt wird oder ob der aktuelle Schweißpunkt neu umgeschmolzen wird. Mit dem Umschmelzen soll die Risscharakteristik so verändert werden, dass die Nahtschweißung rissfrei fortgeführt werden kann.

Anhang

Tabelle 0-1: Experimentelle Rohdaten aus Kapitel 6

P_{YAG} (kW)	τ_{cool} (ms)	R_{weld} (µm)	V_{SL} (m/s)	R_{crack} (µm)	St (R_{crack}) (µm)
1.2	3.5	276.2	0.29	108.2	9,7
1.3	3.5	287.8	0.31	115.2	30,9
1.4	3.5	297.4	0.31	119	26,17
1.5	3.5	304.6	0.32	123.8	11,7
1.6	3.5	319.8	0.33	133.4	11,4
1.7	3.5	405.2	0.36	241.2	22,9
1.8	3.5	571.8	0.33	295	26,5
1.2	6	276.2	0.19	28.4	35
1.3	6	287.8	0.21	39.6	22,1
1.4	6	297.4	0.26	29	34,1
1.5	6	304.6	0.25	108	20,9
1.6	6	319.8	0.25	122.2	11,8
1.7	6	405.2	0.25	233	31,8
1.8	6	571.8	0.27	290.6	28,7
1.2	8.5	276.2	0.17	0	0
1.3	8.5	287.8	0.18	0	0
1.4	8.5	297.4	0.22	34.4	47,3
1.5	8.5	304.6	0.23	60.8	33,1
1.6	8.5	319.8	0.23	96.4	22,4
1.7	8.5	405.2	0.24	166.2	17,6
1.8	8.5	571.8	0.25	299.6	28,6
1.2	11	276.2	0.12	0	0
1.3	11	287.8	0.17	0	0
1.4	11	297.4	0.18	0	0
1.5	11	304.6	0.18	33	19,2
1.6	11	319.8	0.19	65	27,6
1.7	11	405.2	0.18	156.6	42
1.8	11	571.8	0.19	298.6	27
1.2	13.5	276.2	0.08	51.6	12,3
1.3	13.5	287.8	0.10	14	28
1.4	13.5	297.4	0.12	0	0
1.5	13.5	304.6	0.14	0	0
1.6	13.5	319.8	0.15	46	21
1.7	13.5	405.2	0.17	161.6	1,9
1.8	13.5	571.8	0.19	330.6	17
1.2	16	276.2	0.06	70.6	26,3
1.3	16	287.8	0.07	50.8	34,1
1.4	16	297.4	0.08	19	38
1.5	16	304.6	0.1	0	0
1.6	16	319.8	0.11	32.5	45,16
1.7	16	405.2	0.12	118.5	31,2
1.8	16	571.8	0.12	330	32,9

Abbildungsverzeichnis

Abbildung 2-1: Qualitative Darstellung des Zusammenhanges zwischen der Erstarrungsmorphologie und den Erstarrungsparametern [KOU03] 5

Abbildung 2-2: Erstarrungsriss: a) makroskopisch und b) mikroskopisch betrachtet [2] 6

Abbildung 2-3: Einflussfaktoren auf die Heißrissbildung [CRO05] 7

Abbildung 2-4: Temperaturintervall der Sprödigkeit 8

Abbildung 2-5: Rissinitiierung in gerichteter dendritischer Struktur 9

Abbildung 2-6: a) TIS für 5052 Aluminium [MAT83], b) TIS für verschiedene Aluminiumwerkstoffe [SEN71], c) Kritische Dehnung zur Heißrissinitiierung in Abhängigkeit der Dehnungsrate beim Aluminiumschweißen [NAK95] und d) Heißrissbildung in Abhängigkeit der Dehnung und Dehnungsrate beim Schweißen von rostfreiem Stahl [KRO07] 13

Abbildung 2-7: Parameter des gepulsten Laserstrahlschweißens: a) Zeitliche Pulsung und b) Pulsüberlapp [TZE00] 16

Abbildung 2-8: Pulsmodulation: a) Thermischer Puls und b) Metallurgischer Puls 16

Abbildung 2-9: Dokumentierte Pulsformen beim Aluminiumschweißen 20

Abbildung 2-10: Absorption verschiedener Metalle in Abhängigkeit der Wellenlänge [SUT10]. 21

Abbildung 3-1: Grafische Darstellung der Vorgehensweise 25

Abbildung 4-1: Einflussfaktoren auf die Rissbildung 27

Abbildung 4-2: Geometrische Betrachtung der Rissbildung in Nahtschweißungen: a) Rissbildung in Punktschweißung, b) Schematische Darstellung der Rissbildungsregime [12] 30

Abbildung 5-1: Versuchsaufbau 31

Abbildung 5-2: Freiheitsgrade der Schweißprozessführung: a) Zeitliche Pulsform und b) Örtliche Laserspotüberlagerung 32

Abbildung 5-3: Versuchsdurchführung: a) Versuchsaufbau b) Pulsform 33

Abbildung 5-4: Halterung für Schweißungen im Stumpfstoß 34

Abbildung 5-5: Hochgeschwindigkeitsaufnahme eines Schweißpunktes: 3000 fps, RD-Pulsform, P_{YAG} = 1,2 kW, τ_{cool} = 16 ms, v = 40 mm/min, f_{Rep} = 4 Hz, [1] 36

Abbildung 5-6: d_{molten} für verschiedene Laserparameter, RD-Pulsform [1] 37

Abbildung 5-7: Beispielzeitfolge einer Nahtschweißung, 20 fps: a) REM Aufnahme b) zeitliche Abfolge der einzelnen Schweißpunkte [12] 38

Abbildung 5-8: Vergleich von Thermographie- und HS-Kameraaufnahme bei Maximaltemperatur für Schweißpunkte im : a) Wärmeleitungsschweißen und b) Tiefschweißen [3] 39

Abbildung 5-9: Vermessung der Riss- und Schweißgeometrie, RD-Pulsform, P_{YAG} = 1,6 kW, τ_{cool} = 8.5 ms: a) Punktschweißung b) Nahtschweißung, f_{Rep} = 4 Hz, v = 40 mm/min; Skala = 200 µm 40

Abbildung 5-10: Bedingungen im Zugversuch 41

Abbildung 6-1: Einschweißtiefe in Schweißnaht mit f_{Rep} = 4 Hz und v = 40 mm/min: a) Querschliffe, Skala = 0,5 mm und b) Einschweißtiefen 42

Abbildung 6-2: Rissbildung in Punktschweißungen: a) R_{crack} und R_{weld} und b) REM-Aufnahmen von Punktschweißungen mit P_{YAG} =1,2 kW [1] 43

Abbildung 6-3: Punktschweißungen RD-Pulsform: a) rissfrei, P_{YAG} =1,2 kW, τ_{cool} = 8.5 ms b) ein Rissarm, P_{YAG} =1,2 kW, τ_{cool} = 13.5 ms, c) zwei Rissarme, P_{YAG} =1,2 kW, τ_{cool} = 3.5 ms, d) drei Rissarme, P_{YAG} =1,4 kW, τ_{cool} = 3.5 ms, e) vier Rissarme, P_{YAG} =1,8 kW, τ_{cool} = 8.5 ms und f) fünf Rissarme, P_{YAG} =1,8 kW, τ_{cool} = 3.5 ms [12] 44

Abbildung 6-4: Zusammenhang zwischen Anzahl an Rissarmen und Rissradius [12] 44

Abbildung 6-5: Zeitfolge von Erstarrungsprozessen mit 1900 fps: a) hohe Erstarrungsgeschwindigkeit und b) niedrige Erstarrungsgeschwindigkeit; 1: Globulare Körner, 2: Riss [3] 45

Abbildung 6-6: Prozentuale Risslänge beim Nahtschweißen mit f_{Rep} = 4 Hz und v = 40 mm/min 46

Abbildung 6-7: Prozentuale Risslänge beim Nahtschweißen mit τ_{cool} = 13,5 ms 47

Abbildung 6-8: Nahtschweißen mit f_{Rep} = 4 Hz, P_{YAG} = 1,6 kW, τ_{cool} = 13,5 ms: a) O_V = 62 % und b) O_V = 87 [1] 47

Abbildung 6-9: Nahtschweißen mit f_{Rep} = 4 Hz, P_{YAG} = 1,7 kW, τ_{cool} = 13,5 ms: a) O_V = 70 % und b) O_V = 90 % 48

Abbildung 6-10: V_{SL} in Abhängigkeit des Leistungsgradienten [1] 49

Abbildung 6-11: Zeitlicher Verlauf der maximalen Temperatur in der Schweißpunktmitte [1] ... 50

Abbildung 6-12: Abkühlrate in der Schweißpunktmitte 51

Abbildung 6-13: G_{SL} in Abhängigkeit der Zeit (links) und der Maximaltemperatur (rechts) in der Schweißpunktmitte [1] 51

Abbildung 6-14: Korngrenzschliffbild, Skala = 250 µm, P_{YAG} = 1,8 kW: a) τ_{cool} = 3,5 ms und b) τ_{cool} = 13,5 ms [3]. 53

Abbildung 6-15: Darstellung der Mikrostruktur im Korngrenzschliff; 1: Schweißgut; 2: Grundmaterial; 3: Korngrenze; P_{YAG} = 1,8 kW: a) τ_{cool} = 3,5 ms und b) τ_{cool} = 13,5 ms 53

Abbildung 6-16: a) Berechneter sekundärer Dendritarmabstand und b) REM-Aufnahme der dendritischen Mikrostruktur innerhalb eines globularen Kornes; 1: Primärer Dendritarm; 2: Sekundärer Dendritarm 54

Abbildung 7-1: Berechnete Dehnungsrate in Abhängigkeit von V_{SL} 56

Abbildung 7-2: Rissflächen an Schweißungen mit P_{YAG} = 1,6 kW a) τ_{cool} = 13,5 ms und b) τ_{cool} = 3,5 ms [1] 57

Abbildung 7-3: Links: Flächige Dehnung in Abhängigkeit von P_{YAG}. Rechts: Aufnahmen von Punktschweißungen a) bei einsetzender Erstarrung und b) nach der Erstarrung [1] 58

Abbildung 7-4: Berechnete Permeabilität 59

Abbildung 7-5: REM-Aufnahmen von Schweißpunktmitten: a) P_{YAG} = 1,2 kW, τ_{cool} = 3,5 ms, b) P_{YAG} = 1,6 kW, τ_{cool} = 8,5 ms c) P_{YAG} = 1,2 kW, τ_{cool} = 8,5 ms, d) P_{YAG} = 1,6 kW mit τ_{cool} = 13,5 ms, e) P_{YAG} = 1,4 kW mit τ_{cool} = 13,5 ms und f) P_{YAG} = 1,2 kW mit τ_{cool} = 13,5 ms. [1] 60

Abbildung 7-6: Querschliffe von Punktschweißungen aus Abb. 7-5 61

Abbildung 7-7: Diffusionsschichtbreite und sekundärer Dendritarmabstand in Abhängigkeit der Erstarrungsgeschwindigkeit 61

Abbildung 7-8: Effektiver Verteilungskoeffizient 62

Abbildung 7-9: Berechnete Seigerung von Wasserstoff 63
Abbildung 7-10: Rissheilung und Initiierung in Wärmeleitungsschweißnähten für
verschiedenen Pulsüberlapp [12] 64
Abbildung 7-11: Mittlerer Rissradius zur Initiierung und Heilung von Rissen in
Wärmeleitungsschweißnähten [12] 65
Abbildung 7-12: Zusammenhang zwischen Rissradius und -winkel in
Wärmeleitungsschweißnähten [12] 65
Abbildung 7-13: Schweißpunktfolgen: a) Rissinitiierung und –transfer, b) Risstransferende, c)
Rissheilung und -initiierung und d) Rissinitiierung bei geringerem Pulsüberlapp
(OV = 62 %) [12] 66
Abbildung 7-14: Rissheilung und Initiierung in Tiefschweißnähten für verschiedenen
Pulsüberlapp [12] 68
Abbildung 7-15: Mittlerer Rissradius zur Initiierung und Heilung von Rissen in
Tiefschweißnähten [12] 68
Abbildung 7-16: Einfluss des Risswinkels in Tiefschweißnähten [12] 69
Abbildung 7-17: Rissheilung, O_V = 85 % 70
Abbildung 7-18: Rissinitiierung: a) O_V = 70 % und b) O_V = 85 % [12] 70
Abbildung 7-19: Risstransfer: a) Durchgängig und b) Risswechsel [12] 71
Abbildung 7-20: Prozessregime der Heißrissbildung in Punktschweißungen 72
Abbildung 7-21: Vergleich von den *in-situ* gemessenen Rissradien mit den *ex-situ* gemessenen
Risslängen aus Punkt- und Nahtschweißungen für die RD-Pulsform mit
P_{YAG} ≤ 1,6 kW 73
Abbildung 7-22: Vergleich von den *in-situ* gemessenen Rissradien mit den *ex-situ* gemessenen
Risslängen aus Punkt- und Nahtschweißungen für die RD-Pulsform mit
P_{YAG} = 1,8 kW 75
Abbildung 8-1: Heißrissminimierende Pulsformen: Doppelpuls und Stufenpuls Pulse 76
Abbildung 8-2: Nahtschweißungen mit f_{Rep} = 4 Hz und v = 40 mm/min, τ_{diode} = 10 ms:
Heißrissanfälligkeit in Bezug auf τ_{delay} [2] 77
Abbildung 8-3: Nahtschweißungen mit R = 4 Hz und f = 40 mm/min: Heißrissanfälligkeit in
Bezug auf τ_{diode} (links) und P_{Diode} (rechts) 78
Abbildung 8-4: Thermographieaufnahmen des Diodenlaseraufheizprozesses bei
t = τ_{diode} = 10 ms mit e=0,09: a) Temperaturprofil entlang der x-Achse und b)
Thermographiebild mit P_{Diode} = 350 W 79
Abbildung 8-5: Aufnahmen (1700 fps): v = 40 mm/min, f_{Rep} = 4 Hz, P_{YAG} = 1,8 kW, τ_{cool} = 16 ms;
a) RD-Pulsform und b) DP-Pulsform mit τ_{diode} = 10 ms, τ_{delay} = 14 ms und
P_{Diode} = 300 W [2] 80
Abbildung 8-6: Verlauf von d_{molten} und G_{SL} für P_{YAG} = 1,8 kW, τ_{cool} = 16 ms; a) RD-Pulsform und
b) DP-Pulsform mit τ_{diode} = 10 ms, τ_{delay} = 14 ms und P_{Diode} = 300 W [2] 81
Abbildung 8-7: Korngrenzschliff von Aufsicht: v = 40 mm/min, f_{Rep} = 4 Hz, P_{YAG} = 1,8 kW,
τ_{cool} = 16 ms; a) RD-Pulsform und b) DP-Pulsform mit τ_{diode} = 10 ms,
τ_{delay} = 14 ms und P_{Diode} = 300 W 82
Abbildung 8-8: Einschweißtiefe für die RD- und SD-Pulsform [3] 83
Abbildung 8-9: Heißrissanfälligkeit: Vergleich der RD und SD-Pulsform [3] 84

Abbildung 8-10: Aufsicht und Querschliffe auf Schweißnähte mit v =40 mm/min, f_{Rep} = 4 Hz, SD-50-6-10: a) P_{YAG} = 1,7 kW und b) P_{YAG} = 1,9 kW; Skala = 0,5 mm 85

Abbildung 8-11: Erstarrungsgeschwindigkeit gegen Ende der Erstarrung [3] 85

Abbildung 8-12: Schweißpunktmitte mit P_{YAG} = 1,5 kW: a) SD-50-6-5 und b) SD-50-6-10 86

Abbildung 8-13: Temperatur und Schmelzdurchmesser in Abhängigkeit der Zeit [3] 87

Abbildung 8-14: G_{SL} in Abhängigkeit der Temperatur in der Schweißpunktmitte [3] 89

Abbildung 8-15: Korngrenzschliffbild einer Schweißnaht, P_{YAG} = 1,6 kW: a) RD-13,5 und b) SD-50-6-5 [3] 90

Abbildung 8-16: Schweißpunkterkennung a) Aufnahme einer Schweißnaht mit RD-Pulsform, f_{Rep} = 4 Hz, v = 40 mm/min, P_{YAG} = 1,6 kW und τ_{cool} = 3,5 ms; b) Grauwertverläufe entlang der Linien [ALB13, 9] 91

Abbildung 8-17: Risserkennung in Schweißnähten mit RD-Pulsform, f_{Rep} = 4 Hz, v = 40 mm/min und τ_{cool} = 3,5 ms: a) Naht 1: P_{YAG} = 1,7 kW; Naht 2: P_{YAG} = 1,6 kW; Naht 3: P_{YAG} = 1,2 kW; b) Korrespondierende Grauwertverläufe entlang der Risslinie [ALB13, 9] 92

Abbildung 8-18: Risserkennung in Schweißnähten mit RD-Pulsform, f_{Rep} = 4 Hz und v = 40 mm/min: a) Naht 1: P_{YAG} = 1,7 kW, τ_{cool} = 3,5 ms; Naht 3: P_{YAG} = 1,2 kW, τ_{cool} = 3,5 ms; Naht 4: P_{YAG} = 1,4 kW, τ_{cool} = 13,5 ms; b) Korrespondierende Grauwertverläufe entlang der Risslinie [ALB13, 9] 93

Abbildung 8-19: Nahtschweißung im Stumpfstoß: v = 40 mm/min, f_{Rep} = 4 Hz, P_{YAG} = 1,8 kW, τ_{cool} = 16 ms; a) RD-Pulsform und b) DP-Pulsform mit τ_{diode} = 10 ms, τ_{delay} = 14 ms und P_{Diode} = 300 W [12] 95

Abbildung 8-20: Zugversuch, Ziehgeschwindigkeit 10 mm/min [12] 95

Abbildung 8-21: Bruchflächen: a) RD-Pulsform und b) Grundwerkstoff, 1: Frei erstarrter Bereich (Heißriss) und 2: Wabenstruktur [12] 96

Abbildung 8-22: Bruchfläche von Nahtschweißung mit DP-Pulsform: 1: Freierstarrter Bereich (Heißriss im Volumen), 2: Wabenstruktur [12] 97

Abbildung 8-23: Gehäusedichtschweißung mit RD-Pulsform: v = 20 mm/min, f_{Rep} = 4 Hz, P_{YAG} = 1,6 kW, τ_{cool} = 13,5 ms; a) Ohne Pulsramping und b) mit Pulsramping: Puls 1: P_{YAG} = 1,4 kW, τ_{cool} = 13,5 ms; Puls 2: P_{YAG} = 1,2 kW, τ_{cool} = 8,5 ms; Puls 3: P_{YAG} = 0,8 kW, τ_{cool} = 8,5 ms [1] 98

Tabellenverzeichnis

Tabelle 5-1: Verwendete Laserquellen 31
Tabelle 5- 2:Chemische Zusammensetzung von EN AW 6082 Aluminium in Gewichtsprozent. 32
Tabelle 5-3: Kamerasysteme 35
Tabelle 8-1: Parameter der Stufenpuls (SD) Pulsform 83
Tabelle 8-2:Erstarrungsparameter 88
Tabelle 8-3: Kosten für Lasersysteme 98

Literaturverzeichnis

[ALB13] D. Albrecht: Entwicklung einer kamerabasierten Qualitätskontrolle für das gepulste Laser-Mikroschweißen von Aluminium, In: Masterarbeit, Hochschule Hannover, 2013.

[AZI82]:M. J. Aziz: Model for solute redistribution during rapid solidification. In: Journal of Applied Physics, Vol 53(2), 1158-1168, 1982.

[BAR50] L.J. Barker: Revealing the grain structure in common aluminum alloy metallographic specimens, In: Trans. Amer. Soc. Metals, Vol. 42, 347 – 356, 1950.

[BER14] J.-P. Bergmann: Erweiterung der Anwendungsgrenzen beim Fügen mittels pulsmodulierbarer Strahlquellen durch den synergetischen Einsatz eines zeitlich vorgelagerten Plasmalichtbogens, In: Schlussbericht des AIF:IGF-Vorhaben IGF 16.260 N, 2014.

[BER15] J. P. Bergmann, M. Bielenin, T. Feustel: Aluminum welding by combining a diode laser with a pulsed Nd:YAG laser, In: Welding in the World, Vol. 59 (2), 307-315, 2015

[BLI13] J. Bliedtner, H. Müller und A. Barz: Lasermaterialbearbeitung – Grundlagen, Verfahren, Anwendungen, Beispiele, Carl Hanser Verlag, München, 2013.

[BOR60] J. C.Borland: Generalized Theory of Super-Solidus Cracking in Welds and Castings, In: British Welding Journal, 508 – 512, 1960.

[BUR53] J. A. Burton, R. C. Prim und W. P. Slichter: The distribution of solute in crystals grown from the melt. Part1. Theoretical, In: The Journal of Chemical Physics, Vol. 21 (11), 1953.

[CAM68] J. Campbell: The Solidification of Metals, In: Iron and Steel Institute Publication, Vol. 110, 19-26, 1968.

[CAM91] J. Campbell: Castings, Butterworth-Heinemann, Oxford, 1991.

[CAO03] X. Cao, W. Wallace, J.-P. Immarigeon und C. Poon: Research and Progress in Laser Welding of Wrought Aluminum Alloys. II. Metallurgical Microstructures, Defects, and Mechanical Properties, In: Materials and Manufacturing Processes, Vol. 18(1), 23-49, 2003.

[CIE88] M. J. Cieslak und P.W. Fuerschbach: On the Weldability, Composition, and Hardness of Pulsed and Continuous Nd:YAG Laser Welds in Aluminum Alloys 6061,5456, and 5086, Metallurgical and Materials Transactions B, Vol. 19, 319 – 329, 1988.

[CON09] N. Coniglio und C. E. Cross: Mechanisms for Solidification Crack Initiation and Growth in Aluminum Welding, In: Metallurgical and Materials Transactions A, Vol. 40, 2718-2728, 2009.

[CON13] N. Coniglio und C. E. Cross: Initiation and growth mechanisms for weld solidification cracking, In: International Materials Reviews, Vol. 58 (7), 375-397, 2013.

[CRO05] Cross, C.E.: On the origin of weld solidification cracking, In: Hot cracking phenomena in welds. Springer-Verlag, Berlin Heidelberg, ISBN 3–18, 2005.

[CRO06] C. E. Cross und T. Boellinghaus: The Effect of Restraint on Weld Solidification Cracking in Aluminium, In: Welding in the World, Vol. 50 (11-12), 51-54, 2006.

[DAV93] J. R. Davis: ASM specialty handbook: aluminum and aluminum alloys, 1st edn, ASM International, Materials Park, 378; 1993.

[DIL05] U. Dilthey: Schweißtechnische Fertigungsverfahren 2 – Verhalten der Werkstoffe beim Schweißen, Springer Verlag, Berlin; Heidelberg, 2005.

[DRE08a] M. Drezet, M.S.-F Lima, J.D. Wagniere, M. Rappaz und W. Kurz: Crack-free aluminium alloy welds using a twin laser process, In: Proc. Int. Inst. of Weld. Conf., P. Mayr, G. Posch and H. Cerjak, eds., Graz, Austria, 87-94, 2008.

[DRE08b] J.-M. Drezet, D. Allehaux: Application of the Rappaz-Drezet-Gremaud Hot Tearing Criterion to Welding of Aluminium Alloys, In: Hot Cracking Phenomena in Welds II, Hrsg.: T. Böllinghaus, H. Herold, C.E. Cross, J.C. Lippold, Springer-Verlag, Berlin Heidelberg, 19-37, 2008.

[DRE10] J.-M. Drezet, M. Sistaninia und M. Rappaz: Modeling of hot tearing: two-phase models, coalescence and mesoscale granular models, In: Matériaux & Techniques, Vol. 98, 261–267, 2010.

[DVS96] DVS Merkblatt 1004-1: Heißrissprüfverfahren – Grundlagen. Deutscher Verband für Schweißtechnik , 11/1996

[DWO13] J. Dworak: The effect of laser beam pulse shape on the process of pulsed YAG laser welding, In: Welding International, 2013. DOI: 10.1080/09507116.2012.753215

[EAS06] M. Easton, J. Grandfield, D. StJohn, B. Rinderer: The effect of grain refinement and cooling rate on the hot tearing of wrought aluminium alloys, In: Materials Science Forum, Vols. 519-521, 1675-1680, 2006.

[ESK07] D.G. Eskin und L. Katgerman: A Quest for a New Hot Tearing Criterion, In: Metallurgical and Materials Transactions A, VOL. 38A, 1511-1519, 2007.

[FAR01] I. Farup, J.-M. Drezet und M. Rappaz: In Situ Observation of Hot Tearing Formation in Succinonitrile-Acetone, In: Acta materialia, Vol. 49, 1261-1269, 2001.

[FEL11] M. Felberbaum, E. Landry-Desy, L. Weber, M. Rappaz: Effective hydrogen diffusion coefficient for solidifying aluminium alloys, In: Acta Materialia Vol. 59, Issue 6, 2302–2308, 2011.

[FEU77] U. Feurer: Influence of alloy composition and solidification conditions on dendrite arm spacing, feeding and hot tearing properties of aluminium alloys, In: Proceedings International Symposium on Engineering Alloys, Delft, The Netherlands, 131 – 145, 1977.

[FIS48] J.C. Fisher: The fracture of liquids, In: Journal of Applied Physics Vol. 19, 1062–1067, 1948.

[GLI11] M. E. Glicksman: Principles of Solidification – An Introduction to Modern Casting and Crystal Growth Concepts, Springer Verlag, New York, 2011.

[GRA00] J. F. Grandfield, C. J. Davidson, J. A. Taylor: Application of a new hot tearing analysis to horizontal direct chill cast magnesium alloy AZ91. In: Continuous Casting, K. Ehrke (Hrsg.), W. Schneider (Hrsg.), Wiley-VCH Verlag, Weinheim, 205 – 210, 2000.

[HIL01] R. M. Hilbinger: Heißrissbildung beim Schweißen von Aluminium in Blechrandlage (Dissertation), Herbert Utz Verlag, München, 2001.

[HO90] S. K. Ho, R. M. White und J. Lucas: A vision system for automated crack detection in welds, In: Meas. Sci. Technol. Vol. 1, 287-294, 1990.

[HOY03] J.J. Hoyt, M. Asta und A. Karma: Atomistic and continuum modeling of dendritic solidification, In: Materials Science and Engineering R, Vol. 41, 121-163, 2003.

[HUA11] W. Huang und R. Kovacevic: A Laser-Based Vision System for Weld Quality Inspection, In: Sensors, Vol. 11(1), 506-521; 2011.

[HUN81] D.G. McCartney und J.D. Hunt: Measurements of cell and primary dendrite arm spacings in directionally solidified aluminium alloys, In: Acta Metallurgica, Vol. 29 (11), 1851–1863, 1981.

[ISO04] ISO 17641-1:2004: Destructive tests on welds in metallic materials - Hot cracking tests for weldments - Arc welding processes - Part 1: General (ISO 17641-1:2004); German version EN ISO 17641-1:2004.

[KAD13] K. Kadoi, A, Fujinaga, M. Yamamoto und K. Shinozaki: The effect of welding conditions on solidification cracking susceptibility of type 310S stainless steel during laser welding using an in-situ observation technique, In: Welding in the World, Vol. 57, 383–390, 2013.

[KAN14] T. Kannengiesser und T. Boellinghaus: Hot cracking tests—an overview of present technologies and applications, In: Welding in the World, Vol. 58, 397–421, 2014.

[KAT01] S. Katayama: Solidification phenomena of weld metals. Solidification cracking mechanism and cracking susceptibility (3rd report), In: Welding International, Vol. 15 (8), 627-636, 2001.

[KAT97] S. Katayama, M. Mizutani und A. Matsunawa: Modelling of melting and solidification behaviour during laser spot welding, In: Science and Technology of Welding and Joining, Vol. 2(1), 1-9, 1997.

[KAT99] S. Katayama: Solidification phenomena of weld metals (2nd report). Solidification theory, solute redistribution and microsegregation behavior. In: Welding International, Vol. 14(12), 952-963, 1999.

[KOT08] P. Kotalik und T. Boeck: Modelling of heat transfer and fluid flow in laser welding, In: Proceedings in Applied Mathematics and Mechanics, Vol. 8, 10623-10624, 2008.

[KOU03] S. Kou (Hrsg.): Welding Metallurgy. John Wiley & Sons, Hoboken/USA, 2003.

[KRO07] A. Kromm, T. Kannengiesser: Influence of Local Weld Deformation on the Solidification Crack Susceptibility of a Fully Austenitic Stainless Steel, In: Hot Cracking Phenomena in Welds II, Hrsg.: T. Böllinghaus, H. Herold, C.E. Cross, J.C. Lippold, Springer-Verlag, Berlin Heidelberg, 127-145, 2008.

[KUB85] K. Kubo, R. Pehlke: Mathematical modeling of porosity formation in solidification, In: Metallurgical Transactions B, Vol. 16 ,359-366, 1985.

[LIU14] J. Liu, Z. Rao, S. Liao, P.-C. Wang: Modeling of transport phenomena and solidification cracking in laser spot bead-on-plate welding of AA6063-T6 alloy. Part II—simulation results and experimental validation, In: The International Journal of Advanced Manufacturing Technology, Vol. 74 (1-4), 285-296, 2014.

[MAT82] F. Matsuda, H. Nakagawa, K. Sorada: Dynamic observation of solidification and solidification cracking during welding with optical microscope, In: Transactions of JWRI, Vol. 11(2), 67 – 77, 1982.

[MAT83] F. Matsuda, H. Nakagawa, K. Nakata, H. Kohmoto, und Y. Honda: Quantitative Evaluation of Solidification Brittleness of Weld Metal During Solidification by Means of In-Situ Observation and Measurement (Report I) - Development of the MISO Technique, In: Trans. of JWRI, Vol. 12 (1), 65-72, 1983.

[MAT99] A. Matsunawa, S. Katayama, Y. Fujita: Laser welding of aluminum alloys – Defect formation and their suppression methods, In: Proc. 7th Conf. Joints in Aluminium – Inalco 98, Woodhead Publishing Ltd., Cambridge, UK, 65–76, 1999.

[MIC94] E.J. Michaud, D. C. Weckmann, H. W. Kerr: Effect of pulse shape on predicted thermomechanical strains in Nd:YAG laser welded aluminum, In: Proc. of International Congress on Applications of Lasers and Electro Optics, Orlando, USA, pp. 461-470, 1994.

[MIC95] E. J. Michaud, H. W. Kerr, D. C. Weckman: Temporal pulse shaping and solidification cracking in laser welded Al-Cu alloys, In: Proc. 4th In. Conf. Trends in Welding Research, Tennessee, USA, 153-58, 1995.

[MIL93] J. O. Milewski, G. K. Lewis und J. E. Wittig: Microstructural Evaluation of Low and High Duty Cycle Nd:YAG Laser Beam Welds in 2024-T3 Aluminum, In: Welding Journal, 341-346, 1993.

[MÜL05] J. Müller-Borhanian: Integration optischer Messmethoden zur Prozesskontrolle beim Laserstrahlschweißen, In: Laser Magazin, Mai, 2005.

[NAK95] K. Nakata und F. Matsuda: Evaluations of Ductility Characteristics and Cracking Susceptibility of Al Alloys during Welding, In: Trans. of JWRI, Vol. 24, 83-94, 1995.

[NAK11] S. Nakashiba, Y. Okamoto, T. Sakagawa, K. Miura, A. Okada and Y. Uno: Welding characteristics of aluminum alloy by pulsed Nd:Yag laser with pre- and postirradiation of superposed continuous diode laser, In: Proc. Int. Congr. on Applications of Lasers & Electro Optics, Orlando, USA, 23 – 27, 2011.

[NOR07] P. Norman, H. Engström, A. F. H. Kaplan: State-of-the-art of monitoring and imaging of laser welding defects, In: Proc. 11th NOLAMP Conference, Finland, August 20 - 22, 2007.

[OMR12] P. Omranian, H. R. Shahverdi, M. J. Torkamany und S. A. Vaziri: The Effects of Nd:YAG Laser Surface Melting Parameters on the Solidification Behavior of Aluminium Surface, In: Materials Focus, Vol. 1, 1–6, 2012.

[OST92] A. G. Ostrogorsky und G. müller: A model of effective segregation coefficient, accounting for convection in solute layer at the growth interface, In: Journal of Crystal Growth, Vol. 121, 587-598, 1992.

[PEL52] W. S. Pellini: Strain theory of hot tearing, Foundry, Vol. 80, 125–133, 1952.

[PIN10] L. A. Pinto, L. Quintino, R. M. Miranda und P. Carr: Laser Welding of Dissimilar Aluminium Alloys with Filler Materials, In: Welding in the World, Vol. 54 (11-12), 333-341, 2010.

[PRO68] N. N. Prokhorov, B. F. Jakuschin, N. N. Prochorow: Theorie und Verfahren zum Bestimmen der technologischen Festigkeit von Metallen während des Kristallisationsprozesses beim Schweißen, In: Schweißtechnik, Vol. 18, 8 – 11, 1968.

[RAP99] M. Rappaz, J. M. Drezet, M. Gremaud: A new hot-tearing criterion, In: Metallurgical Materials Transactions A, Vol.30, 449 – 455, 1999.

[REC12] R. Rechner: Laseroberflächenvorbehandlung von Aluminium zur Optimierung der Oxidschichteigenschaften für das strukturelle Kleben (Dissertation), Verlag – Dr. Hut, München, 2012.

[SAH99] P. R. Sahm, I. Egry und T. Volkmann (Hrsg.): Schmelze, Erstarrung, Grenzflächen – Eine Einführung in die Physik und Technologie flüssiger und fester Metalle. Braunschweig; Wiesbaden, Vieweg, 1999.

[SCH42] E. Scheil, In: Z. Metallk., 34:70, 1942

[SCH98] J. Schuster: Grundlegende Betrachtung zur Entstehung von Heißrissen, In: Schweißen und Schneiden, Vol. 50 (10), 646 – 654, 1998.

[SEN71] T. Senda, F. Matsuda, G. Takano, K. Watanabe, T. Kobayashi, und T. Matsuzaka: Experimental Investigations on Solidification Crack Susceptibility for Weld Metals with Trans-Varestraint Test, In: Trans. Japan Welding Society Vol. 2 (2), 141-162, 1971.

[SHE09] M .Sheikhi, F. Malek Ghaini, M. J. Torkamany, und J. Sabbaghzadeh: Characterisation of solidification cracking in pulsed Nd:YAG laser welding of 2024 aluminium alloy, In: Science and Technology of Welding and Joining, Vol. 14 (2), 161-165, 2009.

[SHE14] M. Sheikhi, F. Malek Ghaini und H. Assadi: Solidification crack initiation and propagation in pulsed laser welding of wrought heat treatable aluminium alloy, In: Science and Technology of Welding and Joining, Vol. 19 (3), 250-255, 2014.

[SHE15] M. Sheikhi, F. Malek Ghaini und H. Assadi: Prediction of solidification cracking in pulsed laser welding of 2024 aluminum alloy, In: Acta Materialia, Vol. 82, 491-502, 2015.

[SIS12] M. Sistaninia, A.B. Phillion, J.-M. Drezet, M. Rappaz: Three-dimensional granular model of semi-solid metallic alloys undergoing solidification: Fluid flow and localization of feeding, In: Acta Materialia, Vol. 60, 3902–3911, 2012.

[STR16] P. Stritt, M. Boley, A. Heider, F. Fetzer, M. Jarwitz, D. Weller, R. Weber, P. Berger, T. Graf: Comprehensive process monitoring for laser welding process optimization, In: Proc. SPIE. 9741, High-Power Laser Materials Processing: Lasers, Beam Delivery, Diagnostics, and Applications V, 97410Q, March 18, 2016.

[SUT10] O. Suttmann, A. Moalem, R. Kling, A. Ostendorf: Drilling, Cutting, Marking and Microforming, In: Laser Precision Microfabrication, Hrsg.: K. Sugioka, M. Meunier, A. Piqué, Springer-Verlag, 311-334, 2010.

[STE99] M. L. Stein (Hrsg.): Interpolation of Spatial Data: Some Theory for Kriging, 1st edn., Springer-Verlag, New York, 7–9, 1999.

[TAL04] D. E. J. Talbot: The Effects of Hydrogen in Aluminum and Its Alloys, Maney Publishing, London, 2004.

[TAN14] Tang, Zhuo: Heißrissvermeidung beim Schweißen von Aluminiumlegierungen mit einem Scheibenlaser (Dissertation), In: Strahltechnik Band 53, F. Vollertsen (Hrsg.), R. Bergmann (Hrsg.), BIAS Verlag, Bremen, 2014.

[TIL53] W. A. Tiller, K. A. Jackson, J. W. Rutter, B. Chalmers: The redistribution of solute atoms during the solidification of metals, In: Acta Metallurgica, Vol. 1(4), 428–437, 1953.

[TOT03] G. E. Totten und D. S. MacKenzie: Handbook of Aluminum, 1. Edition, Vol. 1, Marcel Dekker, New York, 56, 2003.

[TZE00] Y.-F. Tzeng: Process Characterisation of Pulsed Nd:YAG Laser Seam Welding, In: International Journal of Advanced Manufacturing Technology; Vol. 16, 10–18, 2000.

[WAN15] X. Wang, F. Lu, H.-P. Wang, H. Cui, X. Tang, Y. Wua: Mechanical constraint intensity effects on solidification crackingduring laser welding of aluminum alloys, In: Journal of Materials Processing Technology, Vol. 218, 62–70, 2015.

[WEL13] D. Weller, C. Bezençon, P. Stritt, R. Weber, T. Graf: Remote laser welding of multi-alloy aluminum at close-edge position, In: Physics Procedia, Vol. 41,164 – 168, 2013.

[WIL09] J. Wilden, S. Jahn, P. Kotalik, T. P. Neumann und R. Holtz: Effects of pulse shape modulation in Nd:YAG Laser beam welding on the weld pool flow solidification,

In: Proceedings of the ASME 2009 International Manufacturing Science and Engineering Conference, West Lafayette, USA, 799-805, 2009.

[WIL10] J. Wilden, S. Jahn, T. Neumann, B. Kaya, J. Theis: Synergie von Laserprozesstechnik und Metallurgie, In: DVS-Berichte Bd. 271, 7. Jenaer Lasertagung, DVS-Verlag, Düsseldorf, 2010.

[WIL78] L. O. Wilson: On Interpreting a quantity in the Burton, Prim and Slichter Equation as a diffusion boundary layer thickness, In: Journal of Crystal Growth, Vol. 44, 247-250, 1978.

[WOO74] R. A. Woods: Porosity and Hydrogen Absorption in Aluminum Welds, In: Welding Journal, Vol. 53, 97-108, 1974.

[ZHA08] J. Zhang, D. C. Weckmann, Y. Zhou: Effects of Temporal Pulse Shaping on Cracking Susceptibility of 6061-T6 Aluminum Nd:YAG Laser Welds, In: Welding Journal, Vol. 87, 18–30, 2008.

Eigene Publikationen

Zeitschriften peer-reviewed:

[1] Philipp von Witzendorff, Stefan Kaierle, Oliver Suttmann, Ludger Overmeyer: In Situ Observation of Solidification Conditions in Pulsed Laser Welding of AL6082 Aluminum Alloys to Evaluate Their Impact on Hot Cracking Susceptibility, In: *Metallurgical and Materials Transactions A*, Vol.: 46, 1678-1688, 2015.

[2] Philipp von Witzendorff, Stefan Kaierle, Oliver Suttmann, Ludger Overmeyer: Double pulse laser welding of 6082 aluminium alloys, In: *Science and Technology of Welding and Joining*, Vol. 20(1), 42-47, 2015.

[3] Philipp von Witzendorff, Stefan Kaierle, Oliver Suttmann, Ludger Overmeyer: Using pulse shaping to control temporal strain development and solidification cracking in pulsed laser welding of 6082 aluminum alloys, In: *Journal of Materials Processing Technology*, Vol.: 225, 162–169, 2015.

[4] Philipp von Witzendorff, Martin Bielenin, Jörg Hermsdorf, Jean-Pierre Bergmann: Überlagerung von Strahlung eines gepulsten Festkörperlasers und eines Diodenlasers beim Schweißen von Aluminiumwerkstoffen, In: *Schweißen und Schneiden*, Vol. : 67, Heft 6, 314-321, 2015.

[5] Philipp von Witzendorff, Martin Bielenin, Jörg Hermsdorf, Jean-Pierre Bergmann: Superimposition of radiation from a pulsed solid-state laser and a diode laser during the welding of aluminium materials, In: *Welding and Cutting* 15, No. 2, 119-125, 2016.

Zeitschriften/Proceedings/Vorträge non-peer-reviewed:

[6] Philipp von Witzendorff, Lorenz Gehrmann, Martin Bielenin, Jean-Pierre Bergmann, Stefan Kaierle, Ludger Overmeyer: Laser micro welding of aluminum with the superposition of a pulsed diode laser and a pulsed ND:YAG laser, In: *Proceedings of International Congress on the Applications of Lasers and Electro-Optics* (ICALEO 2013), 6.-10. Oktober, Miami, USA, 400-404, 2013.

[7] Philipp von Witzendorff, Daniel Albrecht, Stefan Kaierle, Oliver Suttmann, Ludger Overmeyer: Laser welding of aluminum with two superimposed laser sources to increase the process efficiency and quality, Document IV-1143-13, *IIW Annual Assembly*, Essen, Deutschland, 12-14.9.2013.

[8] Philipp von Witzendorff: Laserstrahlschweißen von Aluminium mit Doppelpulsen, Vortrag beim *Workshop: Heißrissbildung beim Laserstrahlschweißen*, Stuttgart, 18.11.2014.

[9] Daniel Albrecht, Philipp von Witzendorff, Oliver Suttmann, Ludger Overmeyer: Quality Monitoring system for a pulsed micro welding process on aluminum alloys, In: *Proceedings of International Congress on the Applications of Lasers and Electro-Optics* (ICALEO 2014), Paper M1209, 19.-23. Oktober, San Diego, USA, 2014.

[10] Jean Pierre Bergmann, Martin Bielenin, Martin Stambke, Thomas Feustel, Philipp von Witzendorff, Jörg Hermsdorf: Effects of Diode Laser Superposition on Pulsed Laser Welding of Aluminum, In: *Physics Procedia*, Vol. 41, 180 – 189, 2013.

[11] Jean Pierre Bergmann, Martin Bielenin, Philipp von Witzendorff: Effects of Dual-Beam Laser Welding and Pulse Shaping on Cracking Susceptibility of AA 5754 Aluminum, In: *Proceedings of International Congress on the Applications of Lasers and Electro-Optics* (ICALEO 2013), 6.-10. Oktober, Miami, 400-404 (2013).

[12] Philipp von Witzendorff, Stefan Kaierle, Oliver Suttmann, Ludger Overmeyer: Monitoring of solidification crack propagation mechanism in pulsed laser welding of 6082 aluminum, In: Proc. SPIE 9741, High-Power Laser Materials Processing: Lasers, Beam Delivery, Diagnostics, and Applications V, 97410H (March 18, 2016); doi:10.1117/12.2209630

Veröffentlichungen in der Reihe „Berichte aus dem LZH":

3/2016 Philipp von Witzendorff: Heißrissbildung beim gepulsten Laserstrahlschweißen von Aluminium, ISBN 978-3-95900-114-4

2/2016 Ronny Pfeifer: Steifigkeitsvariable orthopädische Implantate auf Basis von laserbearbeiteten Nickel-Titan-Formgedächtnislegierungen, ISBN 978-3-95900-113-7

1/2016 Georgios Antonopoulos: Digitale Bildgebung und Rekonstruktion von lichtbrechenden Proben in den Lebenswissenschaften, ISBN 978-3-95900-087-1

3/2015 Marko Heidrich: Slot: Eine auf optischer Computertomographie basierende Bildgebungsmethode für die Lebenswissenschaften, ISBN 978-3-95900-022-2

2/2015 Sabine Donner: In vivo optische Kohärenztomographie von Epithelien an Implantatgrenzflächen und an den humanen Stimmlippen, ISBN 978-3-95900-010-9

1/2015 Nadine Tinne: Wechselwirkung fs-Laser-induzierter Kavitationsblasen bei der Gewebedissektion in der Ophthalmologie, ISBN 978-3-95900-005-5

05/2014 André Springer: Laserstrahlschweißen der Mischverbindung Aluminium-Kupfer für thermische Solarabsorber, ISBN 978-3-944586-90-8

04/2014 Andreas Schwenke: Laserbasierte Generierung von Nanokompositmaterialien für medizintechnische Anwendungen, ISBN 978-3-944586-75-5

03/2014 Christian Marx: Untersuchungen zum Einsatz von Lasertechnologien in der Pflanzenproduktion, ISBN 978-3-944586-61-8

02/2014 Peter Kallage: Laserschweißen von Mischverbindungen aus Aluminium und verzinktem sowie unverzinktem Stahl, ISBN 978-3-944586-47-2

01/2014 Anja Hansen: Adaptive Optik für die vitreo-retinale Femtosekundenlaserchirurgie, ISBN 978-3-944586-45-8

03/2013 Markus Schomaker: Plasmonenbasierte Zelltransfektion im Hochdurchsatz mittels ultrakurzer Laserpulse, ISBN 978-3-944586-15-1

02/2013 Oliver Suttmann: Laserverfahren zur Strukturierung von metallischen Dünnschicht-Dehnungssensoren, ISBN 978-3-943104-97-4

01/2013 Jörg Hermsdorf: Laserstabilisiertes Metallschutzgasschweißen mittels fasergeführten Festkörperlasern, ISBN 978-3-943104-94-3

Eine Liste aller Publikationen aus dem PZH Verlag finden Sie auch im Internet unter
www.pzh-verlag.de